ナノエレクトロニクスと計算科学

Computational Science in Nanoelectronics

白石賢二
伊藤智徳 共著
影島博之

社団法人 電子情報通信学会編

はしがき

　2000年に米国のクリントン大統領が「ナノテクノロジー」を戦略的技術分野として予算の集中的投入を決定し，「次の産業革命」を目指してその強化を開始した．これは，ナノメートルレベルで物質を制御し，その物質の特徴を生かすナノ材料・プロセスの開発により，新機能材料や高機能デバイスなどの新しい材料・デバイスが実現すれば，その応用は電子情報通信産業にとどまらず，環境，エネルギー，医療など幅広い分野に大きなインパクトを与えることが期待されているからである．ナノメートルとは，原子数個に相当する長さである．このため，ナノメートルサイズでの構造制御には個々の原子のもつキャラクタを考慮に入れた設計が必要になってくるといわれている．

　本書は，原子レベルで材料・プロセスを理論設計する際に必要な計算科学の基礎について解説したものである．現在使用されている計算科学の手法は多岐にわたっており，それぞれが難解である．このような多種多様な計算手法を理解するためにはその基本概念を把握することが重要であり近道であるという見地に立って，分かりやすく解説を加えるように配慮したつもりである．しかし，紙面にも制限があり，取り扱っている分野が広範囲にわたっているので，不十分な記述も少なからずあると思われる．読者の叱正を頂ければ幸いである．

　　2001年10月

著者代表　白石　賢二

目　　次

第1章　はじめに … 1
1.1　ナノデバイスと計算科学 … 1
1.2　「ナノスケールの計算科学的手法」で何が分かるか … 3

第2章　計算方法 … 8
2.1　経験的原子間ポテンシャル … 8
　2.1.1　ポテンシャル関数の分類 … 9
　2.1.2　代表的な原子間ポテンシャル … 10
　2.1.3　本書で用いられる原子間ポテンシャル … 14
2.2　動的計算手法 … 19
　2.2.1　古典的分子動力学法 … 20
　2.2.2　モンテカルロ法 … 24
2.3　第一原理計算 … 27
　2.3.1　第一原理計算の基本的思想 … 27
　2.3.2　密度汎関数法 … 33
　2.3.3　局所密度汎関数法と交換相関エネルギーの表式 … 37
　2.3.4　第一原理計算によって何を求めることができるか … 45
2.4　周期性がある系における第一原理計算 … 46
　2.4.1　結晶の周期性と実格子ベクトル … 46
　2.4.2　結晶の周期性と逆格子ベクトル … 48
　2.4.3　ブロッホ（Bloch）の定理 … 50
　2.4.4　結晶中におけるKohn-Sham方程式 … 54

2.4.5　擬ポテンシャル ……………………………………………………… 56
2.4.6　超ソフト擬ポテンシャル …………………………………………… 58
2.5　第一原理に基づいた動的計算手法 ……………………………………… 59
2.5.1　第一原理分子動力学法 ……………………………………………… 59
2.5.2　最安定電子状態の計算速度向上（Car-Parrinelloの方法，
　　　　共役こう配法） ……………………………………………………… 61
付録A：Hohenberg-Kohnの定理 ……………………………………………… 64
付録B：波数の和の積分への変換 ……………………………………………… 65

第3章　計算科学によって得られる物質の基本的諸性質 …………… 69

3.1　構造安定性 …………………………………………………………………… 69
3.1.1　エネルギー・容積関係（経験的原子間ポテンシャル
　　　　による解析） …………………………………………………………… 70
3.1.2　エネルギー・容積関係（第一原理計算による解析） …………… 72
3.1.3　せん亜鉛鉱構造とウルツ鉱構造の安定性 ………………………… 73
3.1.4　ヘテロ構造の安定性 ………………………………………………… 76
3.2　熱力学的安定性 ……………………………………………………………… 80
3.2.1　過剰エネルギー ……………………………………………………… 80
3.2.2　平衡状態図 …………………………………………………………… 83
3.3　表面構造の安定性 …………………………………………………………… 85

第4章　ナノエレクトロニクスへの応用 ……………………………………… 90

4.1　シリコンの酸化現象と酸化膜の膜質向上への
　　　原子レベル計算によるアプローチ …………………………………… 90
4.1.1　シリコンの酸化現象とは …………………………………………… 90
4.1.2　マクロスコピックに見たシリコンの酸化現象 …………………… 91
4.1.3　原子レベルで見たシリコンの酸化現象 …………………………… 94
4.1.4　ゲート酸化膜の絶縁耐性に対する第一原理計算による
　　　　アプローチ …………………………………………………………… 100
4.2　エピタキシャル成長への原子レベル計算によるアプローチ ……… 104

4.2.1 エピタキシャル成長とは ………………………………… 104
4.2.2 エピタキシャル成長の素過程 …………………………… 105
4.2.3 エピタキシャル成長の舞台，GaAs(001) 表面構造と
　　　エレクトロンカウンティングモデル ……………………… 106
4.2.4 GaAs 表面での Ga 原子のマイグレーション ……………… 111
4.2.5 GaAs のエピタキシャル成長のミクロスコピックな起源 ……… 117
4.2.6 簡便なエネルギー表式と様々な表面での
　　　マイグレーションポテンシャル ………………………… 124
4.2.7 エレクトロンカウンティングモンテカルロ法
　　　（ECMC法）とエピタキシャル成長シミュレーション ………… 132
4.2.8 $c(4 \times 4)$ 表面上の成長過程 ……………………… 136

第5章　お わ り に ……………………………………… 144

索　　引 ……………………………………………………… 147

第1章

はじめに

1.1 ナノデバイスと計算科学

　半導体エレクトロニクス産業は現代情報流通社会を根底から支えているといっても過言ではない．事実，現代情報流通産業の出現はエレクトロニクス産業技術の急速な発展なしには考えられなかったことである．ところが，近年のインターネットを中心とした情報流通産業はエレクトロニクス産業に対して，さらなる電子デバイスの精密化，微細化の要求を突きつけている．一つの例は，インターネットを介した各家庭のパーソナルコンピュータ（以下パソコン）どうしの高度の情報授受にはパソコンの心臓部分である小さな半導体チップに多くの機能や情報を詰め込むことが求められるようになってきたことである．そのためには，半導体チップに高密度で非常に小さなサイズのパターンを描き，加工していく必要がある．こうした半導体チップ上に作製される電子デバイスは，結晶成長，酸化といった半導体の基本現象を人為的にコントロールする微細加工技術に基づいて作製されている．最近では微細加工技術も急速に進歩しており，先端研究のレベルでは原子数個のサイズ（ナノメートルサイズ）で加工された電子デバイスも作製されるようになり，ナノエレクトロニクスという新しい分野として発展している．ところが，現状のナノメートルサイズのデバイスの設計現場では従来のミクロン（マイクロメートル）サイズのデバイスの場合とは異なり，いまだに試行錯誤的な実

験を積み重ねることによってのみ設計指針が得られている場合が多い．これは以下に述べるように，ナノメートルサイズという極微の世界はミクロンサイズの世界とは根本的に異なるからである．

それではエレクトロニクス産業において電子デバイスの理論設計はこれまでどのように行われてきたのであろうか．従来のミクロンサイズの電子デバイスの理論設計は結晶成長や酸化のマクロスコピックな現象論に基づいた計算機シミュレーションによって行われている．図 **1.1** に示すように，これらのシミュレーションにおいては数千個程度以上の原子集団を一つの単位とするマクロな集合体の挙動を熱力学，統計力学，拡散方程式などに基づいて予測することを基本としていた．ところが，ナノメートルサイズの設計となってくると，従来のミクロンサイズの設計とは全く様相が異なってくる．ナノメートルサイズは原子数個のサイズに相当するので，数千個の原子集団を単位とするマクロな集合体というよりは，個々の原子の挙動を確実に予測することが不可欠になるからである．こうした個々の原子の挙動はマクロスコピックな現象論では全く予測することができない．これは個々の原子の挙動が量子力学に支配されていることも一因である．言い換えると，ナノメートルサイズのデバイス設計には個々の原子の挙動を忠実に再現することを避けて通ることはできないのである．このような要求を満たす計算科学の手法とし

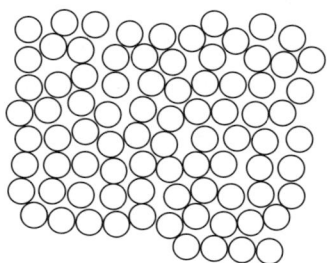

ミクロンスケールのデバイス設計
マクロスコピックな現象論が適用可能．数千個以上の原子集団を単位とするマクロな集合体の挙動予測
（熱力学，統計力学，拡散方程式）
（a）

ナノメートルサイズのデバイス設計
原子レベルの理論が不可欠
原子一つ一つの挙動予測が必要
（第一原理計算，分子動力学など）
（b）

図 **1.1**　ミクロンスケールとナノスケールデバイス設計の相違

ては，第一原理計算に代表される「ナノスケールの計算科学的手法」があげられる．

「ナノスケールの計算科学的手法」として，第一原理計算，分子動力学法などがこれまでに開発されてきた．これらの手法は元来，ナノデバイス設計自体を目的に開発されてきたわけではない．純粋な物性物理現象の説明の道具として発展してきたこれらの手法は，材料物性の基礎研究の分野で用いられることが多く，ナノデバイスの設計現場周辺に現れることはなかった．これらの計算手法は個々の原子の挙動を忠実に記述するため，デバイス構造を念頭に置いた多くの原子を含む系の計算実行には莫大な計算時間が必要で，非現実的だったからである．ところが近年，計算手法自身の進歩とともに，コンピュータ，とりわけスーパーコンピュータや超並列コンピュータの劇的な発展によって，現実のナノデバイス設計のキーとなる半導体プロセスに示唆を与えることも可能になってきている．実際，半導体プロセスにおいて重要な現象である「結晶成長や酸化が原子レベルで見るとどのようになっているか」という難題についても，これらの計算手法の助けによって明快な解答が得られるようになっている．

このように「ナノデバイス」において計算科学の果たす役割が大きくなってきている現状を踏まえ，現在広く使用されている「ナノスケールの計算科学的手法」を概観することが本書の目的である．

1.2 「ナノスケールの計算科学的手法」で何が分かるか

それでは「ナノスケールの計算科学的手法」によって何が分かるのであろうか．これらの手法を模式的に表したのが図 1.2 である．ひとくちに「ナノスケールの計算科学的手法」といっても，大きく分けて「電子レベルの計算手法」と「原子レベルの計算手法」の二つに分けることができる．これら二つの計算手法の特徴について述べ，どのような計算をすることができるのかについても簡単に見てみよう．

「電子レベルの計算手法」の代表が第一原理計算である．第一原理計算は，量子論のシュレディンガー方程式を解いて物質を構成する多数の原子核がつくるポテンシャル中の電子の挙動を取り扱うことによって物質の本質を解き

電子レベルの計算手法 （第一原理計算ほか）	原子レベルの計算手法 （経験ポテンシャル法ほか）
量子論（電子を表すシュレディンガー方程式を基本）	古典論（原子間に働く経験的なポテンシャルを基本）
原子の表現：電子＋原子核	原子の表現：原子を最小単位とする．

半導体のボンド：ボンドの起源である電子までさかのぼって記述する．	半導体のボンド：経験的にある種のばねとして扱う．
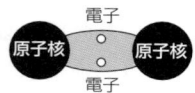	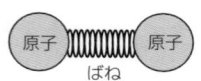
何がわかるか？ ・電子構造（バンド構造，電子密度分析） ・表面，界面，欠陥の原子構造 ・単純な表面構造上における吸着原子の定量的なマイグレーションポテンシャル ・電子の物質内での再配列が正確に求まる，など 特徴 ・計算時間大 ・少数原子系にのみ適用可能，など	何がわかるか？ ・バルクの結晶構造 ・混晶半導体のエンタルピー，平衡状態図 ・複雑な表面パターン上における吸着原子の定性的なマイグレーションポテンシャル ・多数の原子の効果を取り入れた統計処理が可能，など 特徴 ・計算時間小 ・多数原子系にも適用可能，など

図1.2　電子レベルの計算手法と原子レベルの計算手法の相違

明かす手法である．このため，「原子」は原子核と電子という2種類の粒子からなる集合体として扱われる．結果として「原子」は原子核の回りに電子がシュレディンガー方程式によって決まる電子密度をもって分布している複合粒子として表現されることになる．また半導体の共有結合ボンドにしても，隣接する2個の原子から供出された電子が結果として共有結合ボンドを形成する，というふうにあくまでシュレディンガー方程式に基づいて表される．言い換えると「原子番号を入力するだけで量子力学に基づいた計算を実行できる」ことになる．これらの手法は電子の挙動をあらわに扱うので，物質のバンド構造，電子密度分布に代表される電子構造を直接求めることができる．また電気陰性度の異なる二つの原子が隣接して存在するときなど，電子密度分布が中性の孤立原子からずれる場合にも正確な電子分布を求めることができるのも大きな特徴である．したがって，2種類の半導体界面のバンド不連続

量など，電子デバイスの特性に重要な物理量が実験をすることなしに求められることになる．また，電子の再配列によって影響を受けることが多い，表面，界面，更には格子欠陥における原子位置も第一原理計算によってみごとに再現することができる．更に，表面を運動していく吸着原子が感じるポテンシャル（マイグレーションポテンシャル）に対しても第一原理計算によってかなり正確に評価することができるため，結晶成長の重要な素過程の一つである「吸着原子の表面拡散」についても示唆を与えることができる．このように様々な系に対して正確な評価を与えることができる第一原理計算の欠点は，電子にさかのぼってシュレディンガー方程式を解かなくてはならないため計算量が多くなり，現実には少数の原子しか扱えない点である．吸着原子のマイグレーションポテンシャルなどにしても，表面が比較的単純な構造をしているときにのみ求められているのが現状である．複雑なパターンをもつ表面など，多くの原子を含む系に対する計算の実行は，非現実的であることが多い．

「原子レベルの計算手法」は経験ポテンシャル法に代表される．経験ポテンシャル法は第一原理計算，あるいは実験事実（例えばバルクの結晶構造など）を再現するように二つの原子間に働く力のパラメータを決定する手法である．したがって，「原子」は第一原理計算とは異なり，単一の粒子として表現されることになる．言い換えると「原子核＋電子」という微細構造は問題にしない．また共有結合ボンドも「ボンドの強さ」を与えるように隣接する二つの原子間に働く力を外部パラメータとして入れるため「ばね」として表現されることになる．したがって，計算においては量子力学のシュレディンガー方程式ではなく，古典力学の方程式を解くことになるので，第一原理計算とは異なり多数の原子を含む系についても計算をすることが可能となる．実際，混晶半導体におけるエンタルピーの計算や平衡状態図の計算も比較的容易に行うことができるのである．しかし，電子をあらわに取り入れることができないので，電子の再配列が重要な役割を果たす系においては精密な議論ができないのが欠点である．しかしながら，電子再配列が起こっている半導体表面においても，粗っぽい定性的な議論はできる場合が多いことも注目に値する．実際本書の第4章で述べるように，ある種の複雑な表面パターン上の吸

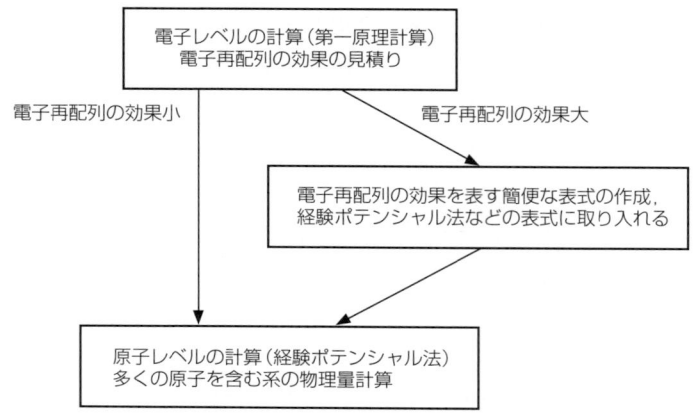

図1.3 「電子レベル計算」と「原子レベル計算」有効な使用法の一例

着原子のマイグレーションポテンシャルの定性的な傾向も，本手法に若干の修正を加えるだけで議論できることがある．

　現実の系を議論するには，上記二つの「電子レベルの計算手法」と「原子レベルの計算手法」を組み合わせるのが有効であることが多い．一つの有効な手続きの例は図1.3の模式図に与えるように以下のようになる．まず，小さい系に対する「電子レベルの計算」を行うことによって，対象とする物質の「電子再配列」の効果の大きさを見積もる．この効果が小さいときには「原子レベルの計算」をそのまま用いれば多くの原子を含む系においても定性的に正しい結果を得ることができる．もし「電子再配列」の効果が大きいときには，この効果を定性的に再現する簡便な表式を作成する．従来の「原子レベルの計算手法」にこの「電子再配列の効果」の簡便な表式を取り入れることで修正を加える．このようにして修正した「原子レベルの計算手法」を用いることによって，「電子再配列」の大きな系に対しても多くの物理量の定性的な見積りが可能になる．このように，小さい系に有効な精密な計算手法と比較的大きな系に適用可能な定性的な計算手法を組み合わせることで「ナノスケールの計算科学的手法」の適用範囲を増やすことができる．これは半導体プロセスに対する計算科学的アプローチの大きな一助になることは間違いないであろう．実際本書の第4章では，上記の手続きに基づいた結晶成長

などのシミュレーションの実例について触れる．

　本書の以下の構成は次のようになっている．まず，第2章では「第一原理計算」,「経験的原子間ポテンシャル」,「モンテカルロ法」などの計算方法について詳しく解説する．次に，第3章では，これらの方法がバルクなどの典型的な物質系に対してどの程度実験事実を再現するか，について述べる．更に，第4章では，ナノデバイス作製のキーとなる半導体プロセスである「結晶成長」と「酸化」のミクロスコピックな機構に対する計算科学からのアプローチの実例を与える．そして最後に，第5章では今後の課題についてまとめる．本書を端緒にナノエレクトロニクスにおける計算科学の現状の一端を実感して頂ければ幸いである．

第 2 章

計 算 方 法

　ナノスケールの計算手法として「原子レベルの計算手法」と「電子レベルの計算手法」があることを第1章で述べた．本章では，二つの計算手法について分かりやすく解説する．まず2.1及び2.2節で「原子レベルの計算手法」である経験的原子間ポテンシャル法並びにモンテカルロ法に代表される動的計算手法について紹介する．次に2.3及び2.4節で「電子レベルの計算手法」である第一原理計算についても詳しく解説する．

2.1　経験的原子間ポテンシャル

　後で述べる第一原理計算手法の発展と軌を一にして，半導体の経験的原子間ポテンシャルも，多くの研究者によって検討されてきた．経験的原子間ポテンシャルは，第一原理計算とは異なって電子をあらわに扱うわけではない．そのため，第一原理計算では取り扱うことの困難な，多数原子からなる複雑な系のシミュレーション，及び分子動力学のような動的シミュレーションにとって有用である．原子間ポテンシャルについては，二体相互作用ポテンシャルの理論が，希ガス固体系，イオン固体系，金属において確立されてきた．しかしながら，共有結合固体についてはすき間の多い正四面体配位の構造を安定化させることの困難さから，経験的原子間ポテンシャルの開発は相対的に遅れている．一般に，半導体を対象とした原子間ポテンシャルは，レナード・ジョーンズ（Lennard-Jones：LJ）形に代表される通常の二体相互作用

ポテンシャルでは不十分であり，三体力を考慮した複雑な定式化が必要となる．本節では，これまで提案されてきた様々な形の原子間ポテンシャルについて概観する．特に，半導体における経験的原子間ポテンシャルの具体例をパラメータ値も含めてまとめる．

2.1.1　ポテンシャル関数の分類

一般に，経験的原子間ポテンシャルは，大きく二つのタイプに分類される．一つは二つのi, j原子の位置座標の相対距離$r_{ij} = |r_i - r_j|$のみに依存する二体力の項を中心としたペアポテンシャルである．もう一つはクラスターポテンシャルと呼ばれ，二体力の項と3個の原子の位置座標の関数である三体力の項など，複数の原子の位置座標の関数である多体力の各項の和からなるポテンシャル関数である．ペアポテンシャルは，アルカリ金属，酸化物などイオン結合をする無機化合物の原子間相互作用をよく再現するポテンシャル関数である．またクラスター関数は，共有結合をもつ半導体や有機分子などの相互作用をよく記述する．これらに加えて，ペア関数とペア関数の汎関数の二つの項からなるペア汎関数ポテンシャル，ペア関数とクラスター関数の汎関数からなるクラスター汎関数ポテンシャルがある．それぞれのポテンシャル関数の形式と適用領域を図**2.1**にまとめる．

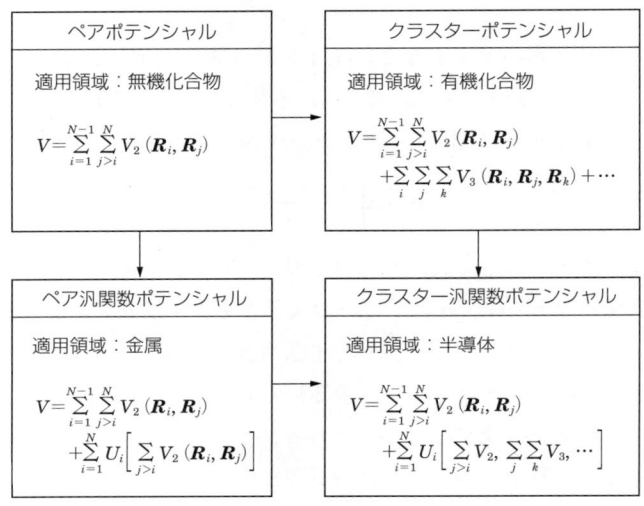

図**2.1**　ポテンシャル関数の形式と適用領域

2.1.2　代表的な原子間ポテンシャル

ペアポテンシャルは，二原子間の座標のみの関数として与えられるため，広く用いられているポテンシャルである．このポテンシャルを用いれば，半導体，金属を除く無機化合物の相互作用を十分に記述できる．ペアポテンシャルの代表的なものとしては，式（2.1）に示すLennard-Jones（LJ）ポテンシャルがある．

$$V_{ij} = \frac{A_{ij}}{r^n} - \frac{B_{ij}}{r^6} \tag{2.1}$$

上式第1項が原子間の斥力を，第2項が引力を表す．通常 $n = 12$ が用いられて，LJポテンシャルは式（2.2）のように書き改められる．

$$V_{ij} = 4\varepsilon_{ij} \left\{ \left(\frac{\sigma_{ij}}{r} \right)^{12} - \left(\frac{\sigma_{ij}}{r} \right)^{6} \right\} \tag{2.2}$$

ここで，$\varepsilon_{ij} = B_{ij}^2/(4A_{ij})$，$\sigma_{ij} = (A_{ij}/B_{ij})^{1/6}$ である．ε_{ij} は力の強さ，σ_{ij} は原子の大きさを表すパラメータである．式（2.2）はアルゴンなどの希ガス固体，液体のシミュレーションによく用いられる．ポテンシャルパラメータは，通常，気体の第二ビリアル係数の実験値から決定される．このポテンシャルは形式が単純であるために，CCl_4，CH_4，N_2 などの分子間力を記述する場合にも用いられる．

またアルカリ金属ハライドなど，イオン結合物質の原子間ポテンシャルとしてよく用いられるのが，式（2.3）に示すボルン・メイヤー・ハギンズ（Born-Mayer-Huggins：BMH）ポテンシャルである．

$$V_{ij} = \frac{Z_i Z_j e^2}{r} + A_{ij} b \exp\left[\frac{\sigma_i + \sigma_j - r}{\rho} \right] - \frac{C_{ij}}{r^6} - \frac{D_{ij}}{r^8} \tag{2.3}$$

ここで，Z_i はイオンの電荷数，A_{ij} はポーリング（Pauling）因子，b は斥力の大きさを表すパラメータ，σ はイオンの大きさを表すパラメータ，ρ はソフトネスパラメータ，C_{ij} は双極子・双極子相互作用パラメータ，D_{ij} は双極子・四重極子相互作用パラメータである．未知数である ρ, b, σ は結晶の圧縮率，膨張率などの実験値を再現するように定められる[1],[2]．これらのペアポテンシャルを用いると，凝集エネルギー E_c は式（2.4）で与えられる．

$$E_c = \frac{1}{2}\sum_{i=1}^{N}\sum_{j=1}^{N} V_{ij} \tag{2.4}$$

ペアポテンシャルは,その表式の単純さにもかかわらず,多くの無機化合物で有効である.しかしながら,遷移金属に見られるコーシー(Cauchy)関係(弾性定数$c_{12} = c_{44}$)の破綻,空孔形成エネルギー,表面再構成などを扱うには不十分である.これらの欠点を補うために,ペア汎関数ポテンシャルが提案された.凝集エネルギーE_cは式(2.5)に集約される.

$$E_c = \frac{1}{2}\sum_{i=1}^{N}\sum_{j=1}^{N} V_{ij} + \sum_{i=1}^{N} F(n_i) \tag{2.5}$$

ここで,V_{ij}はペアポテンシャルであり,n_iは原子サイトiにおける局所電子密度である.Fは局所電子密度の関数としてのエネルギーに対応する.格子欠陥や表面においては,完全結晶における電子の均等分布に乱れが生ずる.その寄与が,局所電子密度を通して式(2.5)第2項で補正される.このような考え方に基づいて,原子挿入法(embedded atom method)[3]や有効媒質理論(effective medium theory)[4],[5]が提案され,シミュレーションに用いられている.

クラスターポテンシャルは,二体力,三体力,四体力などの多体力項の和として与えられる.これは,本書の主題である半導体を含む共有結合物質の原子間相互作用を記述する際に用いられている.キーティング(Keating)モデルに代表される価電子力場(VFF)ポテンシャル[6],[7]は,ダイヤモンド形あるいはせん亜鉛鉱形半導体に適用可能な経験的三体力ポテンシャルとして最初に提案され,半導体のフォノン,弾性的性質,及び混晶半導体の過剰エネルギー計算において成功を収めてきた.しかしながら,VFFポテンシャルは,理想格子位置からの微小なずれを取り扱う,いわば摂動的なポテンシャルであり,原子の大きな変位を伴う格子欠陥,表面,融解,更には正四面体配位構造以外の結晶構造について正しい予測を与えることは困難である.

これらの広範な構造を取り扱うために,ペアソン(Pearson)らはLennard-Jones(LJ)項で二体力を,ファンデルワールス(van der Waals)相互作用のためのアクセルロッド・テラー(Axilrod-Teller:AT)ポテンシ

ャルで三体力を，それぞれ記述させた経験的原子間ポテンシャルを構築した[8]．更にスティリンジャーとウェーバー（Stillinger and Weber：SW）は，三体力相互作用を考慮したSiの融解を再現する経験的原子間ポテンシャルを構築した[9]．これらのポテンシャルVは，二体力V_2と三体力V_3の寄与から成っており，式（2.6）～式（2.12）で与えられる．

$$V = \sum_{i<j} V_2(r_{ij}) + \sum_{i<j<k} V_3(\boldsymbol{r}_i, \boldsymbol{r}_j, \boldsymbol{r}_k) \tag{2.6}$$

LJ-ATポテンシャルにおいては，

$$V_2(r_{ij}) = \varepsilon_{ij} \left\{ \left(\frac{r_0}{r_{ij}}\right)^{12} - 2\left(\frac{r_0}{r_{ij}}\right)^6 \right\} \tag{2.7}$$

$$V_3(\boldsymbol{r}_i, \boldsymbol{r}_j, \boldsymbol{r}_k) = \frac{Z_{jik}(1 + 3\cos\theta_i \cos\theta_j \cos\theta_k)}{(r_{ij} r_{jk} r_{ik})^3} \tag{2.8}$$

ここで，θ_i, θ_j, θ_kは位置ベクトルr_{ij}, r_{jk}, r_{ik}によってつくられる角度である．SWポテンシャルにおいては，

$$V_2(r_{ij}) = \varepsilon f_2\left(\frac{r_{ij}}{\sigma}\right) \tag{2.9}$$

$$V_3(\boldsymbol{r}_i, \boldsymbol{r}_j, \boldsymbol{r}_k) = \varepsilon f_3\left(\frac{\boldsymbol{r}_i}{\sigma}, \frac{\boldsymbol{r}_j}{\sigma}, \frac{\boldsymbol{r}_k}{\sigma}\right) \tag{2.10}$$

ここで，εは力の強さ，σは原子の大きさを表すパラメータである．f_2, f_3を式（2.11），（2.12）に示す．

$$f_2(x) = \begin{cases} A(Bx^{-p} - 1)\exp[(x-a)^{-1}] & (x < a) \\ 0 & (x > a) \end{cases} \tag{2.11}$$

$$f_3(x_{ij}, x_{ik}, \theta_{jik}) = \begin{cases} \lambda \exp[(x_{ij}-a)^{-1} + (x_{ik}-a)^{-1}] \\ \quad \times \left(\cos\theta_{jik} + \frac{1}{3}\right)^2 & (x_{ij} < a \text{ かつ } x_{ik} < a) \\ 0 & (x_{ij} > a \text{ かつ } x_{ik} < a) \end{cases} \tag{2.12}$$

ここで，θ_{jik}はij結合とik結合の結合角である．このSWポテンシャルは，半導体において一つの典型的な形としてよく用いられてきたが，正四面体配位

をもつダイヤモンド構造以外の結晶構造を正しく記述することには成功していない．

　クラスターポテンシャルの欠点を改善するために提案されたのが，クラスター汎関数ポテンシャルである．これは，二体力項と多体関数の汎関数からなるもので，化学反応のように結合の形成，分離にも適用可能なポテンシャルである．アーベル（Abell）は，様々な物質における凝集的性質を普遍的に説明するために，凝集エネルギーを基本的には二体力で記述し，局所的な環境に依存する修正項を加えるという表式を提案した[10]．凝集エネルギー E_c は簡単に式（2.13）で与えられる．

$$E_c = Z\left[A\exp(-\theta r_{ij}) - Bp^\varepsilon \exp(-\lambda r_{ij})\right] \tag{2.13}$$

ここで，Z は配位数，p は結合次数，A, B, θ, ε, λ は物質を特徴づけるパラメータである．第1項が斥力を表し，第2項が引力を与えており，基本的にはペアポテンシャルの形（$\theta = 2\lambda$ のときモース（Morse）ポテンシャルとなることに注意されたい）で記述することができる．

　この考え方に基づきターソフ（Tersoff）は，共有結合物質における経験的原子間ポテンシャル V_{ij} を式（2.14）のように定義した[11]．この関数は，基本的には Morse 関数で結合の強さが配位数に依存するようにつくられていることが特徴的である．

$$V_{ij} = f_c(r_{ij})\left[a_{ij}\exp(-\lambda_{ij}r_{ij}) - b_{ij}\exp(-\mu_{ij}r_{ij})\right] \tag{2.14}$$

$$a_{ij} = \left(1 + \alpha^n \eta_{ij}^n\right)^{-1/(2n)} \sim 1 \tag{2.15}$$

$$b_{ij} = \left(1 + \beta^n \xi_{ij}^n\right)^{-1/(2n)} \tag{2.16}$$

$$\xi_{ij} = \sum_{k \neq ij}^{N} f_c(r_{ik}) g(\theta_{jik}) \exp\left[\lambda_3^3 (r_{ij} - r_{ik})^3\right] \tag{2.17}$$

$$g(\theta_{jik}) = 1 + \left(\frac{c}{d}\right)^2 - \frac{c^2}{d^2 + (h - \cos\theta_{jik})^2} \tag{2.18}$$

ここで，$f_c(r_{ij})$ は相互作用の打切関数である．このポテンシャルは，バルクの弾性的性質のみならず，低配位の欠陥構造エネルギー，表面再構成におい

て妥当な結果を与えている．ケリレスとターソフ（Kelires and Tersoff）は，この原子間ポテンシャルをモンテカルロ法と組み合わせて，Si-Ge系薄膜における規則化現象の解析にも適用している[12]．更に，経験的原子間ポテンシャルを用いたSiの様々な性質に対する研究が，多くの研究者によりなされている．具体的には，マイクロクラスター形成[13]～[18]，表面再構成[19]～[22]，表面上のマイグレーションポテンシャル[23], [24]といった研究があげられる．同時に多くの経験的原子間ポテンシャルが提案されてきたが，最近バラマン（Balamane）らは，6種類のSiの経験的原子間ポテンシャル（Pearson, Takai, Halicioglu, and Tiller; Biswas and Hamann; Stillinger and Weber; Dodson; 2種類のTersoffポテンシャル）の系統的な比較を，Si_nクラスター，格子欠陥，弾性定数，結晶構造の相対的安定性，圧力誘起相転移，表面について行っている[25]．Siについては，このように多岐にわたる研究が行われてきたが，化合物半導体への経験的原子間ポテンシャルの適用例は非常に少ない．

2.1.3　本書で用いられる原子間ポテンシャル

アーベル（Abell）の考え方に基づいてコールとダサルマ（Khor and Das Sarma）は，元素半導体について二つの基本的な関係が存在することを見いだした[26]．Abellにより提案された凝集エネルギーE_c〔式（2.13）〕を再掲すると

$$E_c = Z[A\exp(-\theta r_{ij}) - Bp^\varepsilon \exp(-\lambda r_{ij})] \tag{2.13}$$

ここで，r_{ij}は原子間距離，Zは配位数，pは結合次数，$A, B, \theta, \varepsilon, \lambda$は物質を特徴づけるパラメータである．平衡原子間距離r_eは，$\partial E/\partial r_{ij} = 0$から式（2.19）で与えられる．

$$r_e = \frac{1}{\theta - \lambda} \ln\left(\frac{S}{Bp^\varepsilon}\right) \tag{2.19}$$

ここで，$S = \theta/\lambda$である．したがって，平衡原子間距離r_eでの凝集エネルギーD_eは式（2.20）で表すことができる．

$$D_e = ZA(S-1)\exp(-\theta r_e) = ZABp^\varepsilon \frac{S-1}{S} \exp(-\lambda r_e) \tag{2.20}$$

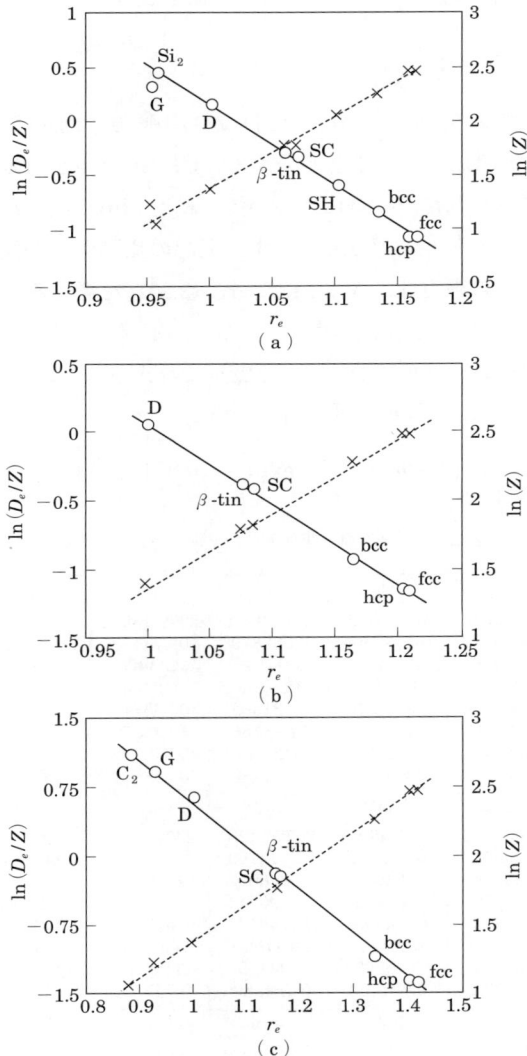

図2.2 (a) C, (b) Si, (c) Geにおける平衡原子間距離r_eと$\ln(Z)$および$\ln(D_e/Z)$との相関.
ここで, Zは配位数, D_eは凝集エネルギーである

結合次数pが配位数Zと$p = C/Z^\delta$という関係をもつと仮定すると

$$r_e = \frac{1}{\theta - \lambda} \ln\left(\frac{SZ^\alpha}{BC^\varepsilon}\right) \tag{2.21}$$

ここで，$\alpha = \delta\varepsilon$である．式（2.20），（2.21）から平衡原子間距離r_eは，$\ln(D_d/Z)$及び$\ln(Z)$と比例関係をもつことが分かる．C，Si，Geを対象として，様々な構造について得られたデータに基づいて，r_eと，$\ln(D_d/Z)$及びr_eと$\ln(Z)$の間の相関をまとめた結果を図**2.2**に示す．上記の比例関係が満たされていることが分かる．この事実は，式（2.13），式（2.20）を考えることで，C，Si，Geに共通の表式をもった原子間ポテンシャルが定義され得ることを示唆している．原子間ポテンシャルV_{ij}は，式（2.22）で与えられる．

$$V_{ij} = A\exp\left[-\beta(r_{ij} - R_i)^\gamma\right]$$
$$\times \left[\exp(-\theta r_{ij}) - \frac{B_0}{Z_i^\alpha}\exp(-\lambda r_{ij})G(\theta_{jik})\right] \tag{2.22}$$

表 **2.1** 経験的原子間ポテンシャルのパラメータ値

半導体	Si	Ge	Sn	AlN	AlP	AlAs
A (eV)	2794.2386	1498.7626	2474.0411	2979.13571	2595.8989	2705.7318
B_0	0.0825172	0.3837664	0.682879	0.277478	0.0765495	0.2494045
θ (Å^{-1})	3.13269	2.37239	1.94186	3.34406	3.16018	2.77083
λ (Å^{-1})	1.34146	1.63105	1.69168	2.22359	1.30363	1.47405
α	0.6249096	0.3426351	0.131962	0.353717	0.6685544	0.5773064
β	25.44123	17.79861	11.75456	43.33879	23.70440	20.50638
γ	3.38218	3.22877	3.28219	3.317372	3.33108	3.32415
η	0.893711	0.670128	0.438788	0.658444	0.870097	0.813787
半導体	AlSb	GaN	GaP	GaAs	GaSb	InN
A (eV)	2334.2976	3605.56942	2477.4128	2477.8329	-1502.3851	18035.15453
B_0	0.2493537	0.172392	0.2574799	0.2494045	1.6074243	0.869852
θ (Å^{-1})	2.50579	3.64049	2.84008	2.77083	1.91607	2.76532
λ (Å^{-1})	1.59952	2.05429	1.79094	1.75326	2.27494	2.65485
α	0.4109926	0.558569	0.4749578	0.4648988	-0.2195709	0.041847
β	14.96842	39.61701	20.47500	18.51165	12.30298	29.263044
γ	3.30554	3.29293	3.27700	3.28387	3.22695	3.29872
η	0.687031	0.721109	0.754582	0.755422	0.124382	0.219252
半導体	InP	InAs	InSb	GdTe	HgSe	HgTe
A (eV)	-338.1097	-709.0028	-507.9611	6681.9907	-2110.9458	-3363.3058
B_0	3.0151112	1.9778563	2.7367197	0.654105	3.6620660	2.8962300
θ (Å^{-1})	1.68907	1.79440	1.67527	2.36391	2.43078	2.39776
λ (Å^{-1})	2.70879	2.35475	2.41199	2.11382	3.20306	2.98247
α	-0.7325367	-0.3684513	-0.5043161	0.120115	-0.3322637	-0.2555028
β	11.94511	12.02834	9.77401	12.42019	15.80399	13.28126
γ	3.16617	3.20203	3.21157	3.30528	3.31584	3.32590
η	0.176048	0.137927	0.164745	0.323993	0.136329	0.135861

$$G(\theta_{jik}) = 1 + \sum_{k \neq ij} \left[\cos(\eta \Delta \theta_{jik}) - 1 \right] \tag{2.23}$$

$$\Delta \theta_{jik} = |\theta_{jik} - \theta_i| \tag{2.24}$$

ここで，r_{ij}は原子間距離，$Z_i = \Sigma_j \exp\left[-\beta (r_{ij} - R_i)^\gamma \right]$は原子の実効的な配位数であり，$R_i$は隣接原子間距離のうちの最小値である．$\theta_i$はある結晶構造における最近接ボンド間の平衡角（例えば，せん亜鉛鉱構造では109.47°，岩塩構造では90°，である）であり，$\ln(Z_i)$の関数として経験的に与えられている．θ_{jik}はijボンドとikボンド間の角度，ηはボンド変角パラメータであり，弾性定数の実験結果に対して最適化される．ポテンシャルパラメータA, B_0, θ, λ, α, β, γ, ηは，第一原理計算と実験から得られた，様々な構造の凝集エネルギー，弾性定数を再現するように決定される．伊藤（Ito）らは，この原子間ポテンシャルを元素半導体のみならず，化合物半導体へと拡張し[27]，金属・半導体を含むヘテロ構造の安定性について系統的な解釈を試みている[28]．様々な原子対について決定されたポテンシャルパラメータ値を**表2.1**にまとめる[29]．これらのポテンシャルの信頼性は，容積の関数としての様々な結晶構造における凝集エネルギーE_cの計算，弾性定数の計算を行うことにより確かめられる．計算結果は，実験結果あるいは第一原理計算結果と比較されて妥当かどうかの判断を下す．経験的原子間ポテンシャルを用いれば，凝集エネルギーE_c，体積弾性定数$B = (c_{11} + 2c_{12})/3$，せん断弾性定数c_{44}，$C' = (c_{11} - c_{12})/2$は次式で与えられる．

$$E_c = \frac{1}{2} \sum_{i=1}^{N} \sum_{j=1}^{N} V_{ij} \tag{2.25}$$

$$B = \frac{1}{\Omega} \frac{\partial^2 E_c}{\partial v^2} \tag{2.26}$$

ここで，Ωは原子容積，$R_x' = v^{1/3} R_x$, $R_y' = v^{1/3} R_y$, $R_z' = v^{1/3} R_z$である．

$$c_{44} = \frac{1}{\Omega} \frac{\partial^2 E_c}{\partial \gamma_1^2} \tag{2.27}$$

ここで，$R_x' = R_x + \gamma_1 R_y$, $R_y' = R_y$, $R_z' = R_z$で定義される．

表 2.2 経験的原子間ポテンシャルにより計算された弾性定数 ($10^{11} N/m^2$)

半導体	Si	Ge	Sn	AlN	AlP	AlAs
c_{11}	1.689 (1.657)[a]	1.346 (1.289)[a]	0.719 (0.690)[c]	3.032 (3.070)[d]	1.439 (1.398)[e]	1.249 (1.202)[e]
c_{12}	0.626 (0.639)[a]	0.481 (0.483)[a]	0.278 (0.293)[c]	1.454 (1.435)[d]	0.570 (0.619)[e]	0.547 (0.570)[e]
c_{44}	0.754 (0.796)	0.613 (0.671)	0.321 (0.362)[c]	1.239 (1.196)[d]	0.618 (0.699)[e]	0.523 (0.589)[e]
C'	0.531 (0.509)[a]	0.433 (0.403)[a]	0.221 (0.198)[c]	0.789 (0.818)[d]	0.435 (0.390)[e]	0.351 (0.316)[e]
B	0.981 (0.978)[a]	0.770 (0.770)[a]	0.425 (0.425)[c]	1.98 (1.98)[d]	0.860 (0.860)[e]	0.781 (0.781)[e]
dc_{44}/dp	0.797 (0.80)[b]	1.298 (1.30)[b]	0.899	1.350	-0.025	0.452
dC'/dp	0.086 (0.075)[b]	0.272 (0.34)[b]	0.370	0.151	-0.001	-0.032
dB/dp	3.831 (4.24)[b]	3.581 (4.60)[b]	3.727	3.970	3.839	3.958

半導体	AlSb	GaN	GaP	GaAs	GaSb	InN
c_{11}	0.922 (0.894)[f]	2.942 (2.970)[d]	1.467 (1.412)[g]	1.228 (1.181)[h]	0.865 (0.884)[j]	2.082 (2.162)[d]
c_{12}	0.429 (0.443)[f]	1.499 (1.486)[d]	0.598 (0.625)[g]	0.509 (0.532)[h]	0.413 (0.403)[j]	1.239 (1.199)[d]
c_{44}	0.378 (0.416)[f]	1.144 (1.113)[d]	0.632 (0.705)[g]	0.528 (0.592)[h]	0.458 (0.432)[j]	0.847 (0.752)[d]
C'	0.246 (0.226)[f]	0.721 (0.742)[d]	0.434 (0.394)[g]	0.359 (0.325)[h]	0.226 (0.241)[j]	0.421 (0.482)[d]
B	0.593 (0.593)[f]	1.98 (1.98)	0.887 (0.887)[g]	0.748 (0.748)[h]	0.563 (0.563)[j]	1.52 (1.52)[d]
dc_{44}/dp	0.481	1.148	1.350	1.360 (1.10)[i]	1.377	0.198
dC'/dp	-0.021	-0.028	0.151	0.142 (0.055)[i]	-0.002	-0.099
dB/dp	3.962	5.488	3.970	4.018 (4.56)[i]	4.027	5.902

$$C' = \frac{1}{\Omega} \frac{\partial^2 E_c}{\partial \varepsilon_1^2} \tag{2.28}$$

ここで，$R_x' = (1+\varepsilon_1)R_x$，$R_y' = R_y/(1+\varepsilon_1)$，$R_z' = R_z$で定義される．式 (2.26) 〜式 (2.28) に基づいて計算した弾性定数を表2.2に示す．実験結果とよく一致していることが分かる．これらのポテンシャルパラメータを用いれば，混晶，ヘテロ構造などの熱力学的性質，弾性的性質を演繹的に予測することが可能である．

半導体	InP	InAs	InSb	CdTe	HgSe	HgTe
c_{11}	1.025	0.837	0.666	0.552	0.707	0.607
	$(1.022)^k$	$(0.833)^l$	$(0.667)^m$	$(0.535)^o$	$(0.690)^p$	$(0.585)^q$
c_{12}	0.574	0.451	0.366	0.360	0.510	0.411
	$(0.576)^k$	$(0.453)^l$	$(0.365)^m$	$(0.368)^o$	$(0.519)^p$	$(0.408)^q$
c_{44}	0.455	0.390	0.303	0.170	0.198	0.198
	$(0.460)^k$	$(0.396)^l$	$(0.302)^m$	$(0.199)^o$	$(0.233)^p$	$(0.222)^q$
C'	0.225	0.193	0.150	0.096	0.099	0.098
	$(0.223)^k$	$(0.190)^l$	$(0.151)^i$	$(0.084)^o$	$(0.086)^l$	$(0.089)^q$
B	0.725	0.580	0.466	0.424	0.576	0.476
	$(0.725)^k$	$(0.580)^l$	$(0.466)^m$	$(0.424)^o$	$(0.576)^p$	$(0.476)^q$
dc_{44}/dp	0.007	0.152	0.141	-0.623	-0.536	-0.264
			$(0.467)^n$			
dC'/dp	-0.226	-0.185	-0.170	-0.354	-0.469	-0.348
			$(-0.11)^n$			
dB/dp	4.052	3.942	4.155	4.519	5.270	5.340
			$(4.58)^n$			

a　H. B. Huntington, Solid State Phys., vol.7, p.214, 1958
b　H. J. Mcskimin and P. Andreatch, J. Appl. Phys., vol.34, p.651, 1963 ; vol.35, p.2161, 1964
c　D. L. Price, J. M. Rowe, and R. M. Nicklow, Phys. Rev. B, vol.3, p.1268, 1971
d　T. Ito, Jpn. J. Appl. Phys., vol.37, p.L574, 1998
e　S. Adachi, J. Appl. Phys., vol.58, p.R1, 1985
f　R. M. Martin, Phys. Rev., B, vol.1, p.4005, 1970
g　R. Weril and W. O. Groves, J. Appl. Phys., vol.39, p.4049, 1968
h　C. W. Garland and K. C. Park, J. Appl. Phys., vol.33, p.759, 1962
i　H. J. Mcskimin, A. Jayaraman, and P. Andreatch, J. Appl. Phys., vol.38, p.3862, 1967
j　H. J. Mcskimin, A. Jayaraman, P. Andreatch, and T. B. Bateman, J. Appl. Phys., vol.39, p.4127, 1968
k　F. S. Hickemell and W. R. Gayton, J. Appl. Phys., vol.37, p.462, 1966
l　D. Gerlich, J. Appl. Phys., vol.34, p.2915, 1963
m　L. J. Slutskyl and C. W. Garland, Phys. Rev., vol.113, p.167, 1959
n　G. I. Peresada, Sov. Phys. Solid State., vol.14, p.1546, 1972
o　S. Mitra and R. Marshal. J. Chem. Phys., vol.41, p.3158, 1964
p　K. Kumazaki, Phys. Status Solidi a., vol.29, p.K55, 1975
q　T. Alper and G. A. Saunders, J. Phys. Chem. Solids., vol.28, p.1637, 1967

2.2　動的計算手法

　薄膜成長並びにデバイス作製プロセスに代表される半導体工業技術においては，材料は高温での熱処理過程を経るのが常である．すなわち，我々が手にする材料における諸物性は，高温での原子の移動，置換を経由した結果として現れたものである．これら原子の移動，置換を取り扱う場合には，そのための手法，すなわち動的計算手法が必要である．その代表的なものとして，分子動力学法あるいはモンテカルロ法があげられる．特に最近，量子力学に

立脚して動的過程を調べる第一原理分子動力学法が脚光を浴び，多くの研究が行われるようになってきている．ここでは，古典的分子動力学法，更にメトロポリスモンテカルロ法とストカスティックモンテカルロ法を取り上げ，動的計算手法の第一原理分子動力学法については2.4節で述べる．紙数の関係上，古典的分子動力学法及びモンテカルロ法の詳細には立ち入らない．末尾の参考文献リストからも分かるように，既に多くの成書があるので，そちらを参照されたい．

2.2.1 古典的分子動力学法

分子動力学計算においては，粒子間の相互作用を与えてやれば，粒子の運動の時間発展を追跡することが可能である．最初の古典的分子動力学計算は，剛体球についてアルダー・ウェインライト（Alder and Wainwright）[30]により，LJポテンシャルを用いたAr液体についてラーマン（Rahman）[31]により，それぞれ行われた．その後分子動力学法は，物性と個々の原子あるいは分子の運動との相関を調べるために，固体物理，統計力学，化学の分野で広く用いられるようになった[32]．古典的分子動力学法においては，あらかじめ与えられたN個の粒子について，次式に与えられる古典的な運動方程式が解かれる．

$$m_i \frac{dv_i}{dt} = F_i = -\nabla_{r_i} V(r_1, r_2, \cdots, r_N) \tag{2.29}$$

ここで，r_i及びv_iは，粒子の位置と速度である．式（2.29）において，F_iはi番目の粒子に作用する力であり，$V(r_1, r_2, \cdots, r_N)$は他のすべての原子によるi番目の粒子に対する平均的なポテンシャルである．入力パラメータとしてはポテンシャル，$V(r_1, r_2, \cdots, r_N)$が重要である．2.1節に示したような経験的原子間ポテンシャルが用いられるが，シミュレーション結果の信頼性は，この原子間ポテンシャルの信頼性に左右されてしまうので，その選定には特に注意が必要である．

シミュレーションにおいては，どのような原子種をどのような母集団（アンサンブル）及び境界条件で計算するかを決める必要がある．図2.3にアンサンブル，動力学，境界条件，数値積分法の種類を示す．また分子動力学法の概略を図2.4に示す．まず対象とする原子種を選択し，それに適した原子

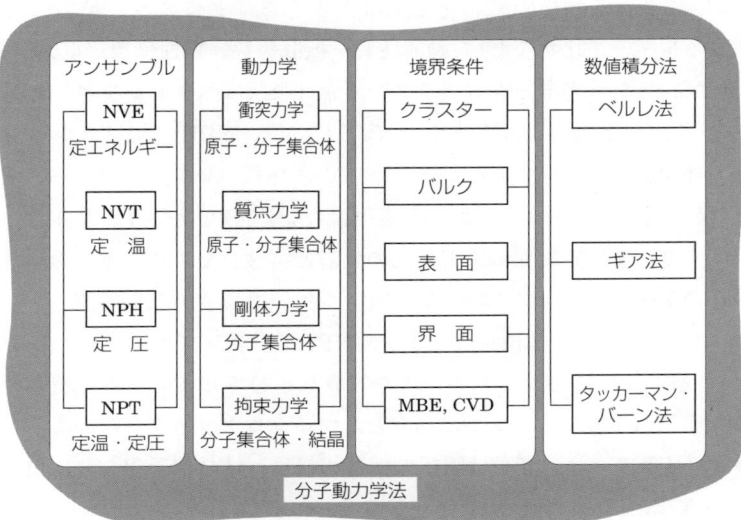

図 2.3　分子動力学法の要素技術

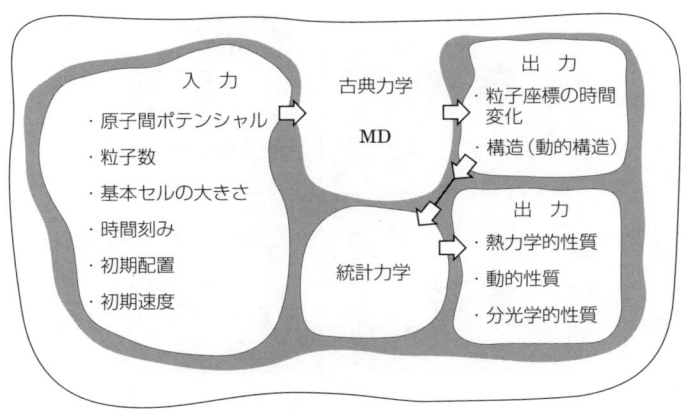

図 2.4　分子動力学法の概略

間ポテンシャル関数，状態量である温度，圧力などを入力する．更に粒子数，体積，原子の質量 m，時間刻み Δt，原子の初期配置を入力して数値演算を実行する．運動方程式は数値的に積分され，原子の位置，速度の時間変化の情

報が得られる．これらのデータを統計処理することにより，熱力学的性質（内部エネルギー，比熱など），動的性質（拡散係数，粘性係数，電気伝導度，熱伝導度など），分光学的性質（ラマン，赤外吸収スペクトルなど）を得る．

アンサンブルとしては，大まかにNVE，NVT，NPH，NPTアンサンブルがある．NVEアンサンブルは，粒子数（N），体積（V），エネルギー（E）を一定に保つ孤立系であり，外部との接触はない．NVTアンサンブルは，NとVと温度（T）を一定に保つ系で外部の熱浴と接触してエネルギーのやり取りをする．NPHアンサンブルは，Nと圧力（P），エンタルピー（H）を一定に保つ系で，基本セルの体積が変化する．NPTアンサンブルは，N, T, Pを一定に保つ系で，熱浴とエネルギーのやり取りをして基本セルの体積も変化する．NVE，NVTアンサンブルは孤立したマイクロクラスターのシミュレーションに，NPTアンサンブルは固体の構造相転移，結晶化過程などに用いられる．図**2.5**にこれらのアンサンブルを模式的に示す．

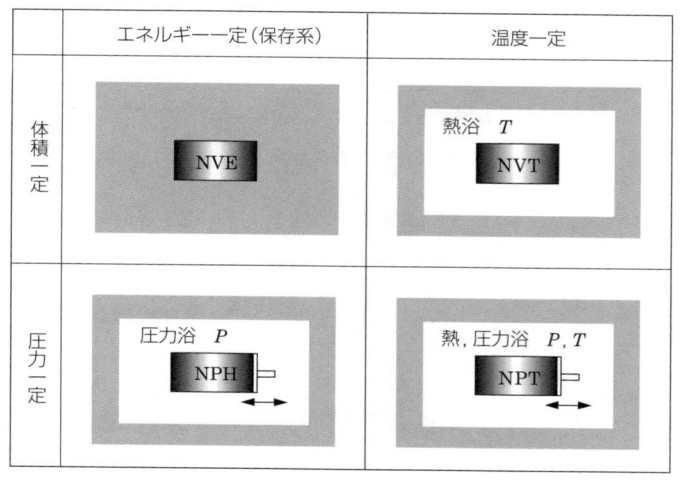

図 **2.5** 様々なアンサンブル

多くの粒子を扱う分子動力学計算では，多体問題となるために運動方程式（2.29）を解析的に解くことができない．そこで，運動方程式を離散化（微分方程式の連続変数である時間tを不連続な時間刻みΔtにより記述）する

ことにより，ある時間刻みで全粒子を移動させるステップを繰り返す．運動方程式を離散化して解くためのアルゴリズムとしては，図2.3に示すように数種類の方法がある．ここでは，一例としてvelocity Verlet法の離散化式を示す．粒子iの位置ベクトル$\bm{r}_i$と速度ベクトル$\bm{v}_i$を用いれば，運動方程式は

$$\bm{r}_i^{n+1} = \bm{r}_i^n + \Delta t \bm{v}_i^n + \frac{\Delta t^2}{2m_i} F_i^n \tag{2.30}$$

$$\bm{v}_i^{n+1} = \bm{v}_i + \frac{\Delta t}{2m_i}\left(F_i^{n+1} + F_i^n\right) \tag{2.31}$$

ここで，添字nは時間ステップ，Δtは時間刻みである．時間刻みは通常1 fs（fsはフェムト秒で10^{-15}s）程度である．適当な初期条件を与えてやれば，式 (2.30)，(2.31) から各時間ステップでそれぞれの粒子の位置と速度を追跡していくことが可能となる．

また多くの原子，分子の集合体を扱うための工夫が必要である．現在の計算機の演算能力では分子動力学計算で取り扱える粒子数は最大で10^6個程度であり，現実の物質の10^{23}個には遠く及ばない．そこで，分子動力学計算においては，現実の物質の一部を取り出して基本セルと呼ばれる箱の中に配置する．図**2.6**に示すように，この基本セルの周囲にレプリカを配して，レプリカからの力の寄与も考慮する周期境界条件を設定する．周期境界条件下では，基本セルの一方の境界から飛び出した粒子は，もう一方の境界から基本セル

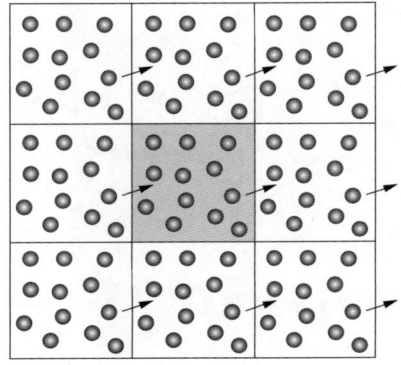

図 **2.6** 周期境界条件

に飛び込んでくる．周期境界条件には，一次元，二次元，三次元の場合があり，薄膜の解析の場合には二次元，バルクの解析の場合には三次元の周期境界条件を用いるというように，扱う問題に適した境界条件を選択する必要がある．このようにして少ない粒子数で，膨大な粒子数をもつ現実系に近づける工夫をしている．次項に示すモンテカルロ計算においてもこのような周期境界条件が用いられる．

2.2.2　モンテカルロ法

分子動力学法が粒子の運動方程式を解く決定論的方法であるのに対し，モンテカルロ法は，粒子の配置をある確率法則のもとに乱数を用いて作成していく確率論的な方法である．モンテカルロ法の由来は，カジノの町で有名なモンテカルロにある．サイコロによって当たりはずれを決める賭博に似て，乱数を用いて系の粒子の移動の是非を決定し，次々と微視的な状態を作成していくためである．この方法は，主に熱力学的平衡状態にある系に対するシミュレーション法である．モンテカルロ法では，入力パラメータとして分子動力学法と同様に粒子間のポテンシャルを用いる．その他に粒子の数密度，温度，粒子の初期配置を決める必要がある．粒子の位置を計算機で発生させた乱数による確率過程に従って，次々に変えていき，そこから構造，熱力学的性質を導き出す．ただし，通常，初期配置は任意であり，結果はそれに依存しない．密度や温度は

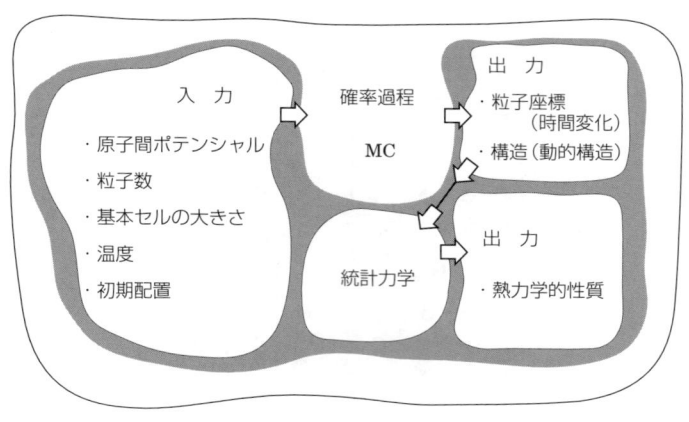

図 2.7　モンテカルロ法の概略

意図する値に設定すればよいので，ここでも重要なのはポテンシャルである．モンテカルロ法では体積一定，温度一定のNVTアンサンブルを用いるのが標準的である．モンテカルロ法の概略を図 **2.7** に示す．

メトロポリス（Metropolis）ら[33]により導かれたモンテカルロ法は，大変効率的で重要な手法である．一定密度のN個の粒子からなる系が，体積V内の任意の初期配置に設定されている場合を考える．すなわち，選ばれた結晶充填率と温度Tにおける実験値に等しい密度をもつ格子を考える．ここでN, V, Tは固定される．配置は，以下の規則に従って生成される．

(a) 粒子を無作為に選択する．

(b) 粒子の移動あるいは置換を無作為に選択する．

(c) 選ばれた粒子を移動あるいは置換させた後で，ポテンシャルエネルギー変化ΔUを計算する．

(d) もしΔUが負ならば，新しい配置を選択する．

(e) そうでなければ，$0 < h < 1$の間の一様乱数hを選択する．

(f) もし$\exp(-\Delta U/kT) < h$ならば，古い配置を保つ．ここで，kはボルツマン（Boltzmann）定数である．

(g) そうでなければ，新しい配置と系の現在の性質としての新しいポテンシャルエネルギーを採用する．

この手続きが，平衡配置に至るまでの適当な回数繰り返される．メトロポリスモンテカルロ法により評価された諸量は，圧力，エネルギー，動径分布関数のような配置の関数のカノニカル平均として記述される．

しかしながら，メトロポリスモンテカルロ法は原子の運動を記述している分子動力学法と異なり，原子系の本当の動的履歴を表していない．したがって，メトロポリスモンテカルロ法は，平衡状態への到達に対しては適切な方法であるが，表面上の吸着原子のマイグレーションあるいは薄膜形成のような非平衡な振舞いを調べるのには適していない．ただ，分子動力学法も計算に要する時間の膨大さのために，シミュレーションにおける時間が$t \sim 10^{-9}$秒オーダに制限されるという欠点をもっている．

ここで，格子ガスモデルに基づくストカスティックモンテカルロ法が，これらメトロポリスモンテカルロ法と分子動力学法の欠点を除くために導入さ

れる．原子拡散を取り扱う場合，ストカスティックモンテカルロ法においては，個々の原子の運動は以下の手続きによりシミュレートされる．

(a) まず，すべての考慮されるべき動的過程とその発生頻度についてリストを作成する．

(b) 運動速度は $R = R_0 \exp(-\Delta E/kT)$ のアレニウス（Arrhenius）形式で記述される．ここで，R_0 は1秒当りのホップ数を意味する振動数因子であり，ΔE は拡散の活性化障壁あるいはマイグレーションポテンシャルである．

(c) 一度これらの速度が計算されると，シミュレーションは進行し，速度に対応する動的過程を起動させて，個々の原子の運動を追跡する．

ストカスティックモンテカルロ法は，薄膜成長において現実的な時間 $t \sim 1$ 秒のオーダでのシミュレーションを実行することが可能である．

以上，2種類のモンテカルロ法について簡単に述べてきた．ここで，表面上

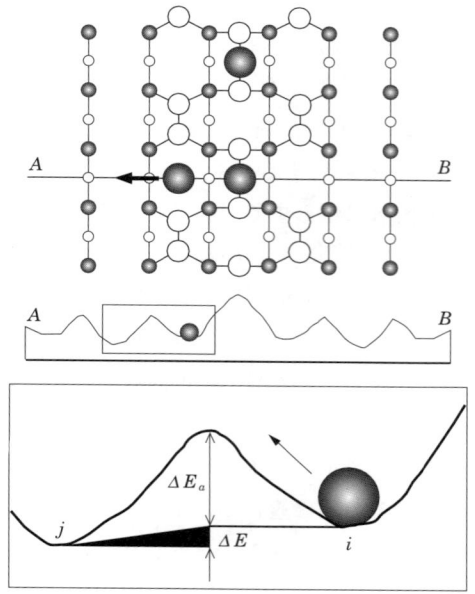

図 2.8 表面に存在する原子の感じるポテンシャルの模式図．
状態 i は状態 j よりもエネルギー的に ΔE だけ高く，状態 i から状態 j に遷移するのにエネルギーバリヤ ΔE_a が必要となる

に存在する原子を例に図 **2.8** を用いてこれらの特徴をもう一度まとめる．すなわち，メトロポリスモンテカルロ法は，平衡状態を議論するときに用いられ，状態 i と状態 j のエネルギー差に注目して，原子の移動をモンテカルロステップ単位で行わせる．一方，ストカスティックモンテカルロ法は，非平衡状態を取り扱い，状態 i と状態 j の間のエネルギー障壁に注目して，原子の移動を実時間で行わせる．

以上の長所，短所を勘案して，この本では分子動力学法を含む混晶半導体あるいはヘテロ構造界面の中の原子配列，過剰エネルギー予測に用いる．またメトロポリスモンテカルロ法は，エピタキシャル成長過程における表面原子配列予測に，ストカスティックモンテカルロ法は，表面上の原子のマイグレーションに関するシミュレーションにおいて用いられる．

2.3 第一原理計算

前節までに経験的原子間ポテンシャル法に代表される「原子レベルの計算手法」について述べてきたが，本節では「電子レベルの計算手法」の代表である第一原理計算について解説する．第一原理計算の基礎となる理論は元来非常に難解な電子論の上に立脚しているが，第一原理計算を適用して結晶などの電子構造や結晶構造を求めるだけであればそれほど難しい議論に足を突っ込む必要はない．本節では，第一原理計算の基本的な考え方について概観するとともに，実際の計算に必要な手続きについて解説する．

2.3.1 第一原理計算の基本的思想

多くの電子と原子核が存在する結晶中における電子の振舞いをできるだけ正確に調べようとすることが第一原理計算の目指すところである．電子は量子力学のシュレディンガー方程式を満足するが，多くの電子が存在する系（多電子系）においてはシュレディンガー方程式が非常に複雑で扱いにくくなる．これは電子のもつ反対称性の性質による．電子は二つの電子を交換したときに，波動関数の符号が変わる（反対称になる）という性質をもつ．模式図を図 **2.9** に示す．このような性質をもつ粒子はフェルミ粒子と呼ばれ，電子以外にも陽子，中性子などが同様の性質をもつことが知られている．この制約があるためにシュレディンガー方程式の扱いが複雑になってしまうのである．

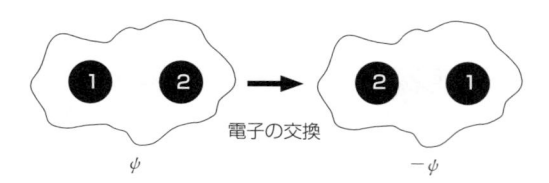

二つの電子の効果によって全体の波動関数 ψ の符号が反対になる

図 2.9　電子の反対称性

　この項では複雑な数式が多くでてくるが，理解してほしいことは，「多電子系のシュレディンガー方程式は電子がフェルミ粒子であるために非常に扱いにくくなる」ということである．煩雑な数式の導出はなくても本節の理解に差支えはないので軽い気持ちで読み飛ばして頂いても十分である．

　第一原理計算の基本的思想は電子が満足する結晶中のシュレディンガー方程式をできるだけ正確に解こうというものである．量子力学の教科書にもよく書かれているように，ポテンシャル $V(\boldsymbol{r})$ の中を運動する電子はシュレディンガー方程式

$$\left[-\frac{\hbar^2}{2m}\nabla^2 + V(\boldsymbol{r})\right]\psi(\boldsymbol{r}) = E\psi(\boldsymbol{r}) \tag{2.32}$$

に従うことが知られている[34]（ここで，$\hbar = h/2\pi$（h はプランク定数），m は電子の質量，$V(\boldsymbol{r})$ は電子の感じるポテンシャル，E はエネルギー固有値，$\psi(\boldsymbol{r})$ は電子の波動関数である）．方程式（2.32）は一つの電子がポテンシャル $V(\boldsymbol{r})$ 中に存在するときに電子が従う方程式である．シュレディンガー方程式を表示するのに原子単位と呼ばれる単位を用いると非常に便利である．原子単位とは $m=1$，$e=1$，$\hbar=1$ になるように長さ，電荷などの単位を規格化する単位である．この単位では長さの基準 1a.u. は 1a.u. $= 0.529$ Å，エネルギーの基準 1Ht は 1Ht（ハートレー）$= 27.2$ eV である．原子単位を用いて式（2.32）のシュレディンガー方程式を表すと

$$\left[-\frac{1}{2}\nabla^2 + V(\boldsymbol{r})\right]\psi(\boldsymbol{r}) = E\psi(\boldsymbol{r}) \tag{2.32b}$$

のようになる．以後，本書ではこの原子単位を用いて記述することとする．

　一電子に対するシュレディンガー方程式は式（2.32b）のように比較的簡単

な形で与えられるが，電子が2個以上になるとシュレディンガー方程式の扱いは急に難しくなる．これは電子のもつ反対称性による．まず，2個の電子が存在する系（二電子系）のシュレディンガー方程式を考える．二電子系の波動関数を $\Psi(\boldsymbol{r}_1, \boldsymbol{r}_2)$ と書くと，シュレディンガー方程式は以下のように与えられる．ここで $\boldsymbol{r}_1, \boldsymbol{r}_2$ は，一つ目及び二つ目の電子のスピン自由度も含んだ二つの電子の座標とする．

$$H\Psi(\boldsymbol{r}_1, \boldsymbol{r}_2) = E\Psi(\boldsymbol{r}_1, \boldsymbol{r}_2) \tag{2.33}$$

ただし，

$$H = -\frac{1}{2}\nabla_1^2 - \frac{1}{2}\nabla_2^2 + \frac{1}{|\boldsymbol{r}_1 - \boldsymbol{r}_2|} + V(\boldsymbol{r}_1) + V(\boldsymbol{r}_2) \tag{2.34}$$

この方程式は一見，式（2.32b）のシュレディンガー方程式と似ているが，電子がフェルミ粒子で二つの電子の交換に対して反対称であるという事情があるために，簡単には解くことができない．

それでは，まず電子の反対称性を考慮に入れたとき二電子系の波動関数はどのようになるかを考える．また，各電子がそれぞれ異なるエネルギー準位に対応する状態 $\psi_1(\boldsymbol{r}_1)$，$\psi_2(\boldsymbol{r}_2)$ にあることを想定してみよう．このような二電子波動関数は電子の反対称性を考慮しなければ $\psi_1(\boldsymbol{r}_1)\psi_2(\boldsymbol{r}_2)$ のような単純な二つの波動関数の積で表すことができる．ところが，電子のもつ反対称性を考慮しなくてはならないため，波動関数の扱いは一気に複雑になるのである．$\psi_1(\boldsymbol{r}_1)\psi_2(\boldsymbol{r}_2)$ を基礎として波動関数を二つの電子の交換に対して反対称となる表式を考えてみよう．最も単純な表式は以下のようなる．

$$\Psi_1(\boldsymbol{r}_1, \boldsymbol{r}_2) = \frac{1}{\sqrt{2}}\{\psi_1(\boldsymbol{r}_1)\psi_2(\boldsymbol{r}_2) - \psi_2(\boldsymbol{r}_1)\psi_1(\boldsymbol{r}_2)\} \tag{2.35}$$

式（2.35）は2行2列の行列の行列式を用いて以下のように表すこともできる．

$$\Psi_1(\boldsymbol{r}_1, \boldsymbol{r}_2) = \frac{1}{\sqrt{2}}\begin{vmatrix} \psi_1(\boldsymbol{r}_1), \psi_2(\boldsymbol{r}_1) \\ \psi_1(\boldsymbol{r}_2), \psi_2(\boldsymbol{r}_2) \end{vmatrix} \tag{2.36}$$

この式に現れる行列式はスレイター（Slater）行列式と呼ばれ，多電子系の電子波動関数の近似形としてよく用いられる．ここでは Slater 行列式は以下のように簡略化して記述することにする．

$$|\psi_1, \psi_2| \equiv \frac{1}{\sqrt{2}} \begin{vmatrix} \psi_1(r_1), \psi_2(r_1) \\ \psi_1(r_2), \psi_2(r_2) \end{vmatrix} \tag{2.37}$$

式 (2.35) あるいは (2.36) の表式は二つの電子の座標 r_1 と r_2 を交換することによって

$$\Psi_1(r_1, r_2) = -\Psi_1(r_2, r_1) \tag{2.38}$$

が成立し，反対称性が満たされていることが分かる．ここであげた例は最も簡単な表式である．この表式は図 **2.10** (a) に示すように，二つの電子が 1 番目と 2 番目のエネルギー準位に存在する電子配置に対する Slater 行列式を表したものである．反対称性を満足する二電子波動関数のもっと一般的な表式は図 2.10 (b)，(c)，(d) に示すような二つの電子が占有し得るすべての電子配置に関する Slater 行列式の線形結合を足し合わせなくてはならない．こうして得られる二電子波動関数は次のようになる．

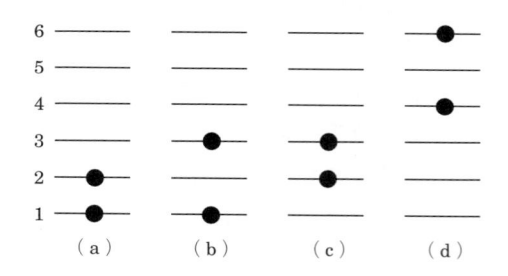

図 **2.10** 2 個の電子の占有によって得られる電子配置．
(a) 1 番目と 2 番目のエネルギー準位を電子が占有する場合，(b) 1 番目と 3 番目のエネルギー準位を電子が占有する場合，(c) 2 番目と 3 番目のエネルギー準位を電子が占有する場合，(d) 4 番目と 6 番目のエネルギー準位を電子が占有する場合．この図はスピン自由度も考慮に入れたエネルギー準位なので，一つのエネルギー準位に一つの電子が占有されることに注意

$$\Psi(r_1, r_2) = \sum_i c_i |\psi_{i(1)}, \psi_{i(2)}| \tag{2.39}$$

ここで，i 番目の配置においては，二つの電子がそれぞれ $i(1)$，$i(2)$ 番目の固有状態に存在するものとする．また c_i は i 番目の電子配置に関する Slater 行列式の係数である．式 (2.33) 及び (2.34) のシュレディンガー方程式は電子のもつ反対称性 (2.39) のために非常に複雑になる．

一般に二電子系のシュレディンガー方程式は次に示す二電子系の全電子エネルギーを最小化するように Ψ を決定して解くことが多い．こうすることによって系の基底状態を求めることができる．このようにしてエネルギー最小化によって方程式を解く手続きは複雑な方程式を解く際，一般的に用いられる．この手法を変分法と呼ぶ．二電子系における全電子エネルギーは一般に以下のように与えられる．

$$
\begin{aligned}
E = &\int \Psi(\boldsymbol{r}_1, \boldsymbol{r}_2) T \Psi^*(\boldsymbol{r}_1, \boldsymbol{r}_2) d\boldsymbol{r}_1 d\boldsymbol{r}_2 \\
&+ \int \Psi(\boldsymbol{r}_1, \boldsymbol{r}_2) U \Psi^*(\boldsymbol{r}_1, \boldsymbol{r}_2) d\boldsymbol{r}_1 d\boldsymbol{r}_2 \\
&+ \int \Psi(\boldsymbol{r}_1, \boldsymbol{r}_2) \frac{1}{|\boldsymbol{r}_1 - \boldsymbol{r}_2|} \Psi^*(\boldsymbol{r}_1, \boldsymbol{r}_2) d\boldsymbol{r}_1 d\boldsymbol{r}_2
\end{aligned} \quad (2.40)
$$

ただし，T，U はそれぞれ運動エネルギー項，ポテンシャルエネルギー項で，以下のように与えられる．

$$
\left.\begin{aligned}
T &= -\frac{1}{2}\nabla_1^2 - \frac{1}{2}\nabla_2^2 \\
U &= V(\boldsymbol{r}_1) + V(\boldsymbol{r}_2)
\end{aligned}\right\} \quad (2.41)
$$

ただし，$V(\boldsymbol{r})$ は電子が感じる外場のポテンシャルである．

式 (2.40) 及び (2.41) の全電子のエネルギーを最小化するように波動関数などの量を求める手法が変分法である．エネルギー最小の条件から帰結される二電子波動関数の満たす方程式は (2.32b) の一電子系のシュレディンガー方程式に比べて極めて複雑な形式になる．

一般の n 個の電子が存在する系（n 電子系）における n 電子波動関数は，二電子波動関数と同様，n 個の電子が占有し得るすべての電子配置に関する Slater 行列式の線形結合を足し合わせることによって，以下のように表すのが本当である．

$$
\Psi(\boldsymbol{r}_1, \cdots, \boldsymbol{r}_n) = \sum_i c_i |\psi_{i(1)}, \cdots, \psi_{i(n)}| \quad (2.42)
$$

ここに，n 電子系の Slater 行列式は以下のように定義される．

$$|\psi_1, \psi_2, \psi_n| = \frac{1}{\sqrt{n!}} \begin{vmatrix} \psi_1(\boldsymbol{r}_1), & \psi_2(\boldsymbol{r}_1), & \cdots, & \psi_n(\boldsymbol{r}_1) \\ \vdots & \vdots & \vdots & \vdots \\ \psi_1(\boldsymbol{r}_n), & \psi_2(\boldsymbol{r}_n), & \cdots, & \psi_n(\boldsymbol{r}_n) \end{vmatrix} \quad (2.43)$$

この表式は行列式が二つの列の入換えによって符号が変わることに対応して，あらゆる二つの電子の交換に対して反対称になっていることが分かる．このように n 電子系の波動関数は，二電子波動関数よりも更に一層複雑な形になる．

　n 電子系のシュレディンガー方程式の扱いについても二電子系の場合と同様であるが，念のため表式だけは与えておこう．

$$H\Psi(\boldsymbol{r}_1, \cdots, \boldsymbol{r}_n) = E\Psi(\boldsymbol{r}_1, \cdots, \boldsymbol{r}_n) \quad (2.44)$$

ただし，

$$H = -\sum_i \frac{1}{2}\nabla_i^2 + \frac{1}{2}\sum_{i \neq j}\frac{1}{|\boldsymbol{r}_i - \boldsymbol{r}_j|} - \sum_{i,k}\frac{Z_k}{|\boldsymbol{R}_k - \boldsymbol{r}_i|} \quad (2.45)$$

式（2.44）のシュレディンガー方程式も二電子系のときと同様，変分法によって最小化するべき全電子のエネルギーは次のように表せる．

$$\begin{aligned} E = &\int \Psi(\boldsymbol{r}_1, \cdots, \boldsymbol{r}_n) T\, \Psi^*(\boldsymbol{r}_1, \cdots, \boldsymbol{r}_n) d\boldsymbol{r}_1 \cdots d\boldsymbol{r}_n \\ &+ \int \Psi(\boldsymbol{r}_1, \cdots, \boldsymbol{r}_n) U\, \Psi^*(\boldsymbol{r}_1, \cdots, \boldsymbol{r}_n) d\boldsymbol{r}_1 \cdots d\boldsymbol{r}_n \\ &+ \int \Psi(\boldsymbol{r}_1, \cdots, \boldsymbol{r}_n) U_{\text{coulomb}}\, \Psi^*(\boldsymbol{r}_1, \cdots, \boldsymbol{r}_n) d\boldsymbol{r}_1 \cdots d\boldsymbol{r}_n \end{aligned} \quad (2.46)$$

ただし，

$$\left. \begin{aligned} T &= -\sum_i \frac{1}{2}\nabla_i^2 \\ U &= -\sum_{i,k}\frac{Z_k}{|\boldsymbol{R}_k - \boldsymbol{r}_i|} \\ U_{\text{coulomb}} &= \frac{1}{2}\sum_{i \neq j}\frac{1}{|\boldsymbol{r}_i - \boldsymbol{r}_j|} \end{aligned} \right\} \quad (2.47)$$

この電子系のエネルギー E を最小とするように n 電子系の波動関数を求めればよいのである．式（2.46）及び（2.47）を最小化する条件から帰結される n 電子波動関数の満たす方程式は，二電子系のシュレディンガー方程式に比べても更に一層やっかいな形式になることはいうまでもない．

このように多電子系のシュレディンガー方程式は電子のもつ反対称性によって非常にやっかいな形式になり，厳密に解くことは非常に難しい．このような困難があるため多電子系のシュレディンガー方程式を直接解くことはせずに，実験事実などを説明できるようにモデル化した方程式を扱う試みが長い間行われてきた．固体物理の教科書によく出てくる「自由電子に近い近似 (nearly free electron approximation)」や，「原子に束縛した近似 (tight binding approximation)」が代表的な試みである[35]．ところが，近年の密度汎関数法に代表される計算手法の進歩と計算機の急速な発展によって，多電子系に対する方程式を，ある近似のもと，直接数値的に解くようになってきた．このように多体系の電子に対する方程式を直接数値的に解く手法は広く第一原理計算と呼ばれている．

多体系の電子に対する方程式を直接解くには主に二つの近似法がある．第一は式 (2.47) の電子の多体波動関数を一つの Slater 行列式 $\Psi_1(r_1, \cdots, r_n) = |\psi_i(1), \cdots, \psi_i(n)|$ で近似する方法で，この近似法はハートリー・フォック (Hartree-Fock) 法と呼ばれており，量子化学の分野で盛んに用いられている．ハートリー・フォック法を基礎として更に様々な手段で近似の精度を上げる手法も多数報告されている．第二は電子系のエネルギーが全電子密度 $\rho(r)$ にだけ依存する（電子系のエネルギーは密度 $\rho(r)$ の汎関数である）と考えて，電子系のエネルギーが最小になるように密度 $\rho(r)$ を求める（$\rho(r)$ に対して変分をとる）ことによって比較的単純な方程式を導出する密度汎関数法である．密度汎関数法は結晶に対して非常に有効な方法で多くの金属，半導体などの物質に対してその有効性が広く認識されていると同時に，最近では分子やクラスターの領域でも大きな成功をもたらすようになってきた．本書では第一原理計算の手法として，密度汎関数法に焦点を絞って解説する．ハートリー・フォック法，並びにその周辺の量子化学的手法に関しては既に優れた教科書があるのでそちらのほうを参照されたい[36]．

2.3.2 密度汎関数法

密度汎関数法は系の電子エネルギーを最小にするように波動関数 $\Psi(r)$ を決定してシュレディンガー方程式を解くのではなく，電子エネルギーを最小とするように全電子密度 $\rho(r)$ を決定することによってシュレディンガー方

程式を解く方法である．言い換えると，系の電子エネルギーを全電子密度 $\rho(r)$ に対して変分することによってシュレディンガー方程式を解こうというのである．この手法は，1964年にホーヘンバーグとコーン（Hohenberg and Kohn）によって提唱され[37]，1965年にコーンとシャム（Kohn and Sham）によって実用的な形に定式化された[38]．この項では，密度汎関数法の考え方について簡単に解説する．まず，密度汎関数の基本となる，Hohenberg-Kohnの定理について簡単に解説し，現実の計算において威力を発揮するKohn-Sham方程式の導出，更に実用的な密度汎関数法のキーポイントである交換相関項の単純化についても解説する．

（a）**Hohenberg-Kohnの定理** 密度汎関数法の基本となる定理はHohenberg-Kohnの定理である．前項の第一原理計算の基本的思想では，電子系の全エネルギー $E[\rho]$ を最小化するように波動関数 Ψ を決定することで多電子系のシュレディンガー方程式を解く手続きについて触れた．Hohenberg-Kohnの定理の基本は，「系の全電子密度 $\rho(r)$ を決定すれば，波動関数 Ψ も含めた系の基底状態の電子的性質がすべて決定される」というものである．この定理の意味していることは，「電子系の全エネルギーは波動関数 Ψ によって一意的に決定されると同時に全電子密度 $\rho(r)$ によっても $E[\rho]$ のように一意的に表すことができる」ということである．つまり，電子系の全エネルギー $E[\rho]$ を最小化するように $\rho(r)$ を決定することができれば，

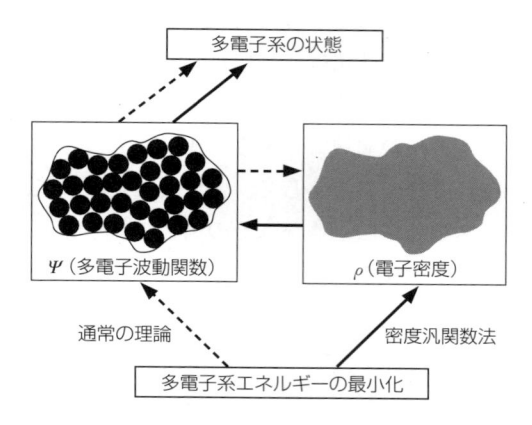

図 **2.11** Hohenberg-Kohnの定理の模式図

系の基底状態の電子的性質をすべて求めることができるのである．Hohenberg-Kohn の定理の主張していることを図 **2.11** に模式図で表す．Hohenberg-Kohn の定理は系の基底状態が縮退していないときに成立することが分かっている．このようにして，ρ からすべての基底状態の電子的性質，例えば運動エネルギー $T[\rho]$，ポテンシャルエネルギー $U[\rho]$，電子間相互作用のエネルギー $U_{\text{coulomb}}[\rho]$ を決定することができ，電子系の全エネルギー $E_{\text{el}}[\rho]$ は以下のように表すことができる．

$$E_{\text{el}}[\rho] = T[\rho] + U[\rho] + U_{\text{coulomb}}[\rho] \tag{2.48}$$

あるいは，原子核から電子に対して作用するポテンシャルを $v_{\text{nuc}}(\boldsymbol{r})$ として

$$E_{\text{el}}[\rho] = \int \rho(\boldsymbol{r}) v_{\text{nuc}}(\boldsymbol{r}) d\boldsymbol{r} + T[\rho] + U_{\text{coulomb}}[\rho] \tag{2.49}$$

Hohenberg-Kohn の定理の証明は付録 A にあげたので，興味のある読者は付録を参照されたい．

（**b**）**Kohn-Sham の方程式**　　多電子系の基底状態のエネルギーが電子密度 $\rho(\boldsymbol{r})$ を用いて

$$E_{\text{el}}[\rho] = \int \rho(\boldsymbol{r}) v_{\text{nuc}}(\boldsymbol{r}) d\boldsymbol{r} + T[\rho] + U_{\text{coulomb}}[\rho] \tag{2.50}$$

のように表せることは密度汎関数法の有効方程式を導出するうえで非常に便利である．すなわち，$E_{\text{el}}[\rho]$ を最小とするように電子数保存の制限条件

$$\int \rho(\boldsymbol{r}) d\boldsymbol{r} = N \qquad (\text{ただし，} N \text{は系の全電子数}) \tag{2.51}$$

のもと，系の満たすべき方程式（オイラー (Euler) 方程式）を導出するのである．すなわち

$$\rho(\boldsymbol{r}) = \sum |\psi_i(\boldsymbol{r})|^2 \tag{2.52}$$

のように与えられる ρ に関して電子系の全エネルギー

$$E_{\text{el}}[\rho] = \int \rho(\boldsymbol{r}) v_{\text{nuc}}(\boldsymbol{r}) d\boldsymbol{r} + T[\rho] + U_{\text{coulomb}}[\rho] \tag{2.53}$$

を式（2.51）の粒子数保存の条件のもとで最小化するようにして導出される

方程式を求めてみよう．ここで各項は

$$T[\rho] = \sum_i \int \psi_i^*(\boldsymbol{r}) \left[-\frac{1}{2} \nabla^2 \right] \psi_i(\boldsymbol{r}) \, d\boldsymbol{r} \tag{2.54}$$

$$\left. \begin{aligned} U_{\text{coulomb}}[\rho(\boldsymbol{r})] &= U_H[\rho(\boldsymbol{r})] + E_{xc}[\rho(\boldsymbol{r})] \\ U_H[\rho] &= \frac{1}{2} \int \frac{\rho(\boldsymbol{r})\rho(\boldsymbol{r}')}{|\boldsymbol{r}-\boldsymbol{r}'|} d\boldsymbol{r} \, d\boldsymbol{r}' \end{aligned} \right\} \tag{2.55}$$

のように表せる．式 (2.55) の中で電子間相互作用項 $U_{\text{coulomb}}[\rho]$ をハートリー項 $U_H[\rho]$ と交換相関項 $E_{xc}[\rho]$ という二つの項に分離した．ハートリー項とは二つの電子が直接相互作用するクーロン力によるエネルギー項，交換相関項 $E_{xc}[\rho(\boldsymbol{r})]$ とは電子のもつ反対称性によって出てくるおつりの項と理解してもらえればよい．交換相関項を厳密に扱うことは非常に難しく，解くべき方程式も非常に複雑になる．密度汎関数法を現実の物質に適用する際には，後で述べるようにこの複雑な交換相関項を比較的単純な $\rho(\boldsymbol{r})$ の関数として近似することによって，取扱いが可能な方程式を導出することが一般に行われている．言い換えると，交換相関項 $E_{xc}[\rho(\boldsymbol{r})]$ の単純化こそが密度汎関数法実用化のキーポイントともいえよう．交換相関項を単純化する試みは多く行われているが，その詳細については次項で述べる．

さて，交換相関項 $E_{xc}[\rho(\boldsymbol{r})]$ を含む全エネルギーに対する電子的寄与，$E_{el}[\rho]$ を最小化するように電子密度 ρ が満たす条件を導出すると，各一電子波動関数 $\psi(\boldsymbol{r}_i)$ に対して，以下のような一電子シュレディンガー方程式と似た方程式を導出できる．

$$\left[-\frac{1}{2} \nabla_i^2 + v_{\text{eff}}(\boldsymbol{r}) \right] \psi_i(\boldsymbol{r}) = \varepsilon_i \psi_i(\boldsymbol{r}) \tag{2.56}$$

ただし，

$$v_{\text{eff}}(\boldsymbol{r}) = v_{\text{nuc}}(\boldsymbol{r}) + \int \frac{\rho(\boldsymbol{r})}{|\boldsymbol{r}-\boldsymbol{r}'|} d\boldsymbol{r}' + v_{xc}(\boldsymbol{r}) \tag{2.57}$$

$$v_{xc}(\boldsymbol{r}) = \frac{\delta E_{xc}[\rho]}{\delta \rho} \tag{2.58}$$

$$\rho(\boldsymbol{r}) = \sum |\psi_i(\boldsymbol{r})|^2 \tag{2.59}$$

この方程式（2.56）はKohn-Sham方程式と呼ばれる．この方程式は自己無撞着（self-consistent）に解かれることが多い．自己無撞着に解くとは，以下のようにして全電子密度$\rho_{in}(\boldsymbol{r})$とそこから帰結される全電子密度$\rho_{out}(\boldsymbol{r})$がつじつまが合うように決定することである．手続きは以下のようになる．

(1) ある試行全電子密度$\rho_{in}(\boldsymbol{r})$に対して$v_{eff}(\boldsymbol{r})$を求めてKohn-Sham方程式を解く．
(2) この結果，一電子エネルギーε_i, 及び一電子波動関数$\psi_i(\boldsymbol{r})$が求まる．
(3) 得られた一電子波動関数$\psi_i(\boldsymbol{r})$に対応する全電子密度$\rho_{out}(\boldsymbol{r})$が求まる．
(4) $\rho_{in}(\boldsymbol{r})$と$\rho_{out}(\boldsymbol{r})$が一致するように$\rho(\boldsymbol{r})$を決定する．

以上の手続きにより，本方程式の解を求めることができる．この手続きを自己無撞着な解法と呼ぶ．自己無撞着な解法の模式図を図**2.12**に示す．

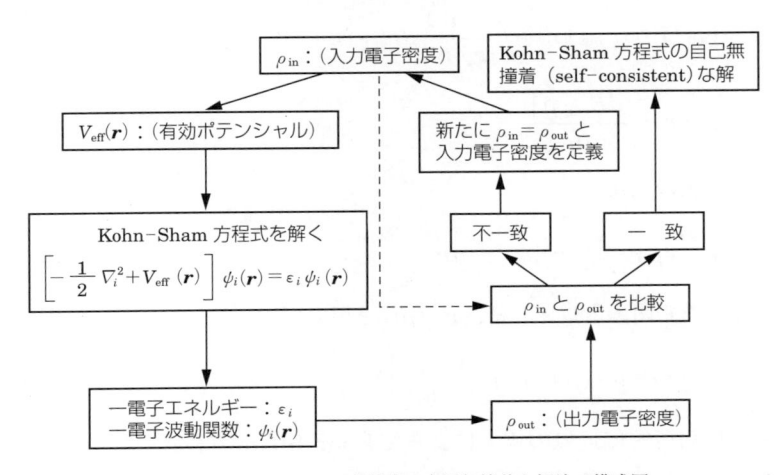

図 **2.12**　Kohn-Sham方程式の自己無撞着な解法の模式図

2.3.3　局所密度汎関数法と交換相関エネルギーの表式

（**a**）局所密度近似　　前項において，密度汎関数法の実用化には交換相関項$E_{xc}[\rho(\boldsymbol{r})]$の単純化がキーポイントであることについて触れた．この項

では現在最も一般的に行われている近似法である局所密度汎関数法（LDA）について述べると同時に，実際に行われている交換相関項の単純化についても簡単に解説する．局所密度汎関数法は本来複雑な表式であるはずの汎関数 $E_{xc}[\rho(\boldsymbol{r})]$ を単純な $\rho(\boldsymbol{r})$ の関数 $E_{xc}(\rho(\boldsymbol{r}))$ で近似するのがその思想である．この近似は以下の手続きによって行われる．

(1) まず，電子密度 ρ_0 が一様な電子系（一様電子ガス）に対して得られる交換相関エネルギーの表式 $E_{xc}^0(\rho_0)$ を求める．

(2) 更に，一般の交換相関項を $E_{xc}(\rho(\boldsymbol{r})) \fallingdotseq E_{xc}^0(\rho(\boldsymbol{r}))$ のように，一様電子ガスについて得られた表式で置き換える近似をする．

このようにして単純化した交換相関項 $E_{xc}(\rho(\boldsymbol{r}))$ を用いると Kohn-Sham 方程式は以下のようになる．

$$\left[-\frac{1}{2} \nabla_i^2 + v_{\text{eff}}(\boldsymbol{r}) \right] \psi_i(\boldsymbol{r}) = \varepsilon_i \psi_i(\boldsymbol{r}) \tag{2.60}$$

ただし，

$$v_{\text{eff}}(\boldsymbol{r}) = v_{\text{nuc}}(\boldsymbol{r}) + \int \frac{\rho(\boldsymbol{r}')}{|\boldsymbol{r}-\boldsymbol{r}'|} d\boldsymbol{r}' + v_{xc}(\boldsymbol{r}) \tag{2.61}$$

$$v_{xc}(\boldsymbol{r}) = \frac{dE_{xc}[\rho]}{d\rho} \tag{2.62}$$

あるいは，次の表式

$$E_{xc}(\rho) = \int \rho(\boldsymbol{r}) \varepsilon_{xc}(\rho) d\boldsymbol{r} \tag{2.63}$$

を満たす交換相関エネルギー密度 $\varepsilon_{xc}(\rho)$ を用いて，

$$v_{xc}(\boldsymbol{r}) = \varepsilon_{xc}(\rho) + \rho(\boldsymbol{r}) \frac{d\varepsilon_{xc}[\rho]}{d\rho} \tag{2.64}$$

このように局所密度近似の導入によって Kohn-Sham 方程式中に出てくる交換相関ポテンシャル項 $v_{xc}(\boldsymbol{r})$ が単純な微分形 $\varepsilon_{xc}(\rho) + \rho(\boldsymbol{r}) d\varepsilon_{xc}(\rho)/d\rho$ になった．あとは方程式（2.60）を現実に解くには，$\varepsilon_{xc}(\rho)$ の関数形を決定してやればよい．

（b） 交換エネルギーに対する近似的表式　　前項で $\varepsilon_{xc}(\rho)$ の関数形が分かれば Kohn-Sham 方程式を現実に解くことができることを述べた．この項

の目的は,電子密度が一様なときの交換相関エネルギーの表式を求めることである.交換相関エネルギー密度 $\varepsilon_{xc}(\rho)$ は,交換エネルギー密度 $\varepsilon_x(\rho)$ と相関エネルギー密度 $\varepsilon_c(\rho)$ を用いて,$\varepsilon_{xc}(\rho) = \varepsilon_x(\rho) + \varepsilon_c(\rho)$ のように表せる.この項では交換エネルギー密度 $\varepsilon_x(\rho)$ の表式を求める.相関エネルギー密度 $\varepsilon_c(\rho)$ については次項で触れる.

まず,交換エネルギーについて簡単に説明しておこう.例として,二つの水素原子の回りに二つの電子が存在する系を例にとって説明しよう.図**2.13**に模式図を示す.1番目の原子の回りの波動関数を $\psi_1(\boldsymbol{r})$,2番目の原子の回りの波動関数を $\psi_2(\boldsymbol{r})$ とする.もし,電子の反対称性の要求がなければ1個目の電子は1番目の原子の回りの状態 $\psi_1(\boldsymbol{r}_1)$ にあり,2個目の電子は2番目の原子の回りの状態 $\psi_2(\boldsymbol{r}_2)$ にあると考えればよい.言い換えると,系全体の二電子波動関数が $\Psi_0(\boldsymbol{r}_1, \boldsymbol{r}_2) = \psi_1(\boldsymbol{r}_1)\psi_2(\boldsymbol{r}_2)$ のように単純な積の形に書ける.このときは,電子間のクーロンエネルギー項 U_{coulomb}^0 は単純に二電子波動関数 $\Psi_0(\boldsymbol{r}_1, \boldsymbol{r}_2)$ を用いて,

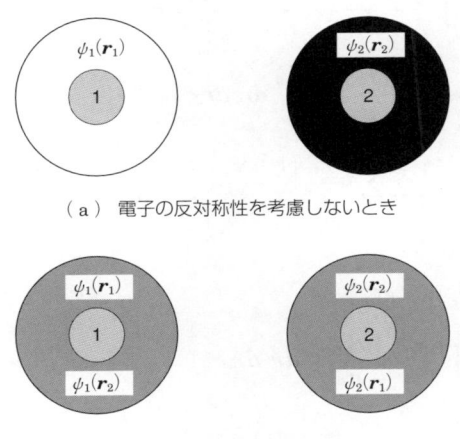

(a) 電子の反対称性を考慮しないとき

(b) 電子の反対称性を考慮するとき.
あたかも二つの電子が交じったような
波動関数になる(交換エネルギーの起源)

図 **2.13** 交換エネルギーの起源の模式図

$$U_{\text{coulomb}}^0 = \int \frac{\Psi_0^*(\bm{r}_1, \bm{r}_2)\Psi_0(\bm{r}_1, \bm{r}_2)}{|\bm{r}_1 - \bm{r}_2|} d\bm{r}_1 d\bm{r}_2$$

$$= \int \frac{\psi_1^*(\bm{r}_1)\psi_1(\bm{r}_1)\psi_2^*(\bm{r}_2)\psi_2(\bm{r}_2)}{|\bm{r}_1 - \bm{r}_2|} d\bm{r}_1 d\bm{r}_2$$

$$= \int \frac{\rho_1(\bm{r}_1)\rho_2(\bm{r}_2)}{|\bm{r}_1 - \bm{r}_2|} d\bm{r}_1 d\bm{r}_2 \tag{2.65}$$

のように簡単な形になる．ところが，電子のもつ反対称性があることから，二電子波動関数は本来式（2.39）のようにSlater行列式の和の形で書かなくてはならないことをこの項の初めに述べてきた．それでは，電子の反対称性を考慮に入れた最も簡単な形式，すなわち

$$\Psi_1(\bm{r}_1, \bm{r}_2) = \frac{1}{\sqrt{2}} \begin{vmatrix} \psi_1(\bm{r}_1), \psi_2(\bm{r}_1) \\ \psi_1(\bm{r}_2), \psi_2(\bm{r}_2) \end{vmatrix} \tag{2.66}$$

のように一つのSlater行列式で近似的に書いたとき，U_{coulomb}は以下のように表せる．

$$U_{\text{coulomb}} = \int \frac{\Psi_1^*(\bm{r}_1, \bm{r}_2)\Psi_1(\bm{r}_1, \bm{r}_2)}{|\bm{r}_1 - \bm{r}_2|} d\bm{r}_1 d\bm{r}_2$$

$$= \frac{1}{2}\int \frac{\rho(\bm{r}_1)\rho(\bm{r}_2)}{|\bm{r}_1 - \bm{r}_2|} d\bm{r}_1 d\bm{r}_2$$

$$- \frac{1}{2}\sum_i \sum_j \int \frac{\Psi_i^*(\bm{r}_1)\Psi_i(\bm{r}_2)\Psi_j^*(\bm{r}_2)\Psi_j(\bm{r}_1)}{|\bm{r}_1 - \bm{r}_2|} d\bm{r}_1 d\bm{r}_2 \tag{2.67}$$

このようにハートリー項

$$U_H = \frac{1}{2}\int \frac{\rho(\bm{r}_1)\rho(\bm{r}_2)}{|\bm{r}_1 - \bm{r}_2|} d\bm{r}_1 d\bm{r}_2$$

に加えて

$$K = \frac{1}{2}\sum_i \sum_j \int \frac{\Psi_i^*(\bm{r}_1)\Psi_i(\bm{r}_2)\Psi_j^*(\bm{r}_2)\Psi_j(\bm{r}_1)}{|\bm{r}_1 - \bm{r}_2|} d\bm{r}_1 d\bm{r}_2 \tag{2.68}$$

が現れる．この項Kは二つの電子の交換によって全体の波動関数が反対称になることから出てくる項で，交換エネルギー項と呼ばれる．更に，本来全体の波動関数が多数のSlater行列式の線形結合で表すべきであるが，この効果

を入れると交換エネルギー項Kのほかに更なるおつりの項が必要になることが分かる．この項を相関エネルギー項と呼ぶ．相関エネルギー項は交換エネルギーに比べても更に一層複雑な表式になる．

さて，話を交換エネルギーに戻してみよう．式（2.68）の二電子系における交換エネルギーの表式はn電子系についても拡張することができる．この際には，n電子系に対するSlater行列式を用いればよい．その結果，n電子系に対する交換エネルギーは以下のようになる．

$$K = \int \rho(\boldsymbol{r}) \varepsilon_x(\rho) d\boldsymbol{r}$$
$$= \frac{1}{2} \sum_{i,j} \int \psi_i^*(\boldsymbol{r}) \psi_j^*(\boldsymbol{r}') \frac{1}{|\boldsymbol{r}-\boldsymbol{r}'|} \psi_j(\boldsymbol{r}) \psi_i(\boldsymbol{r}') d\boldsymbol{r} d\boldsymbol{r}' \qquad (2.69)$$

ただし，$\varepsilon_x(\rho)$は交換エネルギー密度である．それでは次に，一様な電子密度を与える波動関数に対して式（2.69）がどのようになるかを考えてみよう．一様な電子密度を与える自由電子の波動関数は

$$\psi_k(\boldsymbol{r}) = \frac{1}{\sqrt{V}} \exp(-i\boldsymbol{k}\cdot\boldsymbol{r}) \qquad (2.70)$$

のように与えられるので，式（2.69）の交換エネルギーは次のように書ける．

$$K = \frac{1}{V^2} \sum_{k,k'} \int \frac{1}{|\boldsymbol{r}-\boldsymbol{r}'|} \exp\{i\boldsymbol{k}(\boldsymbol{r}-\boldsymbol{r}') - i\boldsymbol{k}'(\boldsymbol{r}-\boldsymbol{r}')\} d\boldsymbol{r} d\boldsymbol{r}' \qquad (2.71)$$

$\boldsymbol{k}$についての和はスピン自由度も考慮に入れると

$$\frac{1}{V} \sum_k \sum_\sigma \Rightarrow \frac{1}{4\pi^3} \int_0^{k_F} d\boldsymbol{k} \qquad (2.72)$$

のようにフェルミ波数k_Fを用いた積分の形にできる（付録B参照）．その結果Kは

$$K = \frac{1}{16\pi^6} \int d\boldsymbol{r} d\boldsymbol{r}' \int\int_0^{k_F^0} d\boldsymbol{k} d\boldsymbol{k}' \frac{1}{|\boldsymbol{r}-\boldsymbol{r}'|} \exp\{i\boldsymbol{k}(\boldsymbol{r}-\boldsymbol{r}') - i\boldsymbol{k}'(\boldsymbol{r}-\boldsymbol{r}')\}$$
$$(2.73)$$

のように書ける．電子密度ρはフェルミ波数との間に

$$\rho = \frac{k_F^3}{3\pi^2} \qquad (2.74)$$

のような関係をもつことに注意すると，式（2.73）の交換エネルギー項，Kは

一様な電子密度ρの関数として

$$K[\rho] = \frac{3}{4}\left(\frac{3}{\pi}\right)^{1/3} V\rho^{4/3} \qquad (2.75)$$

のように書ける．

式（2.75）を一様でない電子密度$\rho(\boldsymbol{r})$をもつ系の交換エネルギー項として近似的に用いると

$$K[\rho(\boldsymbol{r})] = \frac{3}{4}\left(\frac{3}{\pi}\right)^{1/3} \int \rho^{4/3}(\boldsymbol{r}) d\boldsymbol{r} \qquad (2.76)$$

のように表すことができる．よって，交換エネルギー密度$\varepsilon_x(\rho)$は

$$\varepsilon_x(\rho) = \frac{3}{4}\left(\frac{3}{\pi}\right)^{1/3} \rho^{1/3}(\boldsymbol{r}) \qquad (2.77)$$

のように書ける．このように$\varepsilon_x(\rho)$は$\rho^{1/3}$に比例する．式（2.77）の交換エネルギー密度は局所密度汎関数法（LDA法）において最も中心的な役割を果たす関係式である．この表式によって交換相関エネルギー項のうちの交換エネルギー項について近似的に求めることができた．その結果，密度汎関数法実用化において残る課題は相関エネルギーの表式の単純化である．

（c）相関エネルギーに対する近似的表式　前項では交換エネルギー密度$\varepsilon_x(\rho)$を求めたので，相関エネルギー密度$\varepsilon_c(\rho)$に対する簡便な表式を与えれば，Kohn-Sham方程式を実際に解くことができる．相関エネルギー密度

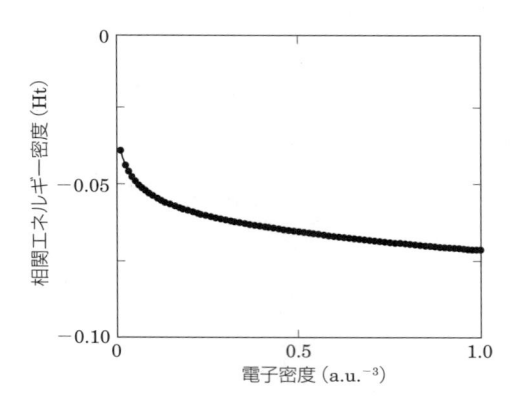

図**2.14**　相関エネルギー密度と電子密度との関係

$\varepsilon_c(\rho)$ は交換エネルギー密度 $\varepsilon_x(\rho)$ に比べて表式も複雑であるので，$\varepsilon_c(\rho)$ の表式を求めるのは簡単ではない．セパレーとアルダー（Ceperley and Alder）は量子モンテカルロ法によって相関エネルギー密度を数値的に求めた[39]．図 **2.14** に Ceperley と Alder によって得られた結果を示す．更に，パーデューとズンガー（Perdew and Zunger）はこの結果に対して近似補間を行って相関エネルギー密度 $\varepsilon_c(\rho)$ を ρ の単純な関数として表すことに成功した[40]．最終的に得られた表式は，

$$\varepsilon_c(\rho) = \begin{cases} \dfrac{\gamma}{1+\beta_1\sqrt{r_s}+\beta_2 r_s} & (r_s \geq 1) \\ A\ln r_s + B + Cr_s\ln r_s + Dr_s & (r_s < 1) \end{cases} \quad (2.78)$$

$$\left(\begin{array}{l} \text{ただし，} r_s = \left(\dfrac{3}{4\pi\rho}\right)^{1/3},\ \gamma = -0.1423, \\ \quad \beta_1 = 1.0529,\ \beta_2 = 0.3334,\ A = 0.0311, \\ \quad B = -0.048,\ C = 0.0020,\ D = -0.0116 \end{array}\right)$$

である．

本書では相関エネルギーの表式の導出の詳細には立ち入らない．実際に計算を進めるには，議論の詳細は知らずとも式（2.78）を用いればよいからである．議論の詳細に興味のある読者は参考文献を参照されたい[41],[42]．

以上述べてきたように，密度汎関数法の実用化において懸案であった，交換相関エネルギー密度 $\varepsilon_{xc}(\rho)$ の単純化を一様電子ガス近似のもとに行うことができた．すなわち，

$$\varepsilon_{xc}(\rho) = \begin{cases} \dfrac{3}{4}\left(\dfrac{3}{\pi}\right)^{1/3}\rho^{1/3}(\boldsymbol{r}) + \dfrac{\gamma}{1+\beta_1\sqrt{r_s}+\beta_2 r_s} & (r_s \geq 1) \\ \dfrac{3}{4}\left(\dfrac{3}{\pi}\right)^{1/3}\rho^{1/3}(\boldsymbol{r}) + A\ln r_s + B + Cr_s\ln r_s + Dr_s & (r_s < 1) \end{cases} \quad (2.79)$$

$$\left(\begin{array}{l} \text{ただし，} r_s = \left(\dfrac{3}{4\pi\rho}\right)^{1/3},\ \gamma = -0.1423, \\ \quad \beta_1 = 1.0529,\ \beta_2 = 0.3334,\ A = 0.0311, \\ \quad B = -0.048,\ C = 0.0020,\ D = -0.0116 \end{array}\right)$$

この表式を用いると実際に解くべき Kohn-Sham 方程式は以下のようになる．

$$\left[-\frac{1}{2}\nabla_i^2 + v_{\text{eff}}(\boldsymbol{r})\right]\psi_i(\boldsymbol{r}) = \varepsilon_i\,\psi_i(\boldsymbol{r}) \tag{2.80}$$

ただし,

$$v_{\text{eff}}(\boldsymbol{r}) = v_{\text{nuc}}(\boldsymbol{r}) + \int\frac{\rho(\boldsymbol{r})}{|\boldsymbol{r}-\boldsymbol{r}'|}d\boldsymbol{r}' + v_{xc}(\boldsymbol{r}) \tag{2.81}$$

$$v_{xc}(\boldsymbol{r}) = \frac{\delta E_{xc}[\rho]}{\delta\rho} \tag{2.82}$$

$$\rho(\boldsymbol{r}) = \sum|\psi_i(\boldsymbol{r})|^2 \tag{2.83}$$

$$E_{xc}(\rho) = \int\rho(\boldsymbol{r})\varepsilon_{xc}(\rho)d\boldsymbol{r} \tag{2.84}$$

一方，電子系の全エネルギーは，

$$E_{\text{el}}(\rho) = \sum_i\int\psi_i^*(\boldsymbol{r})\left[-\frac{1}{2}\nabla^2\right]\psi_i(\boldsymbol{r})d\boldsymbol{r} + \int\rho(\boldsymbol{r})v_{\text{nuc}}(\boldsymbol{r})d\boldsymbol{r}$$
$$+ \frac{1}{2}\int\frac{\rho(\boldsymbol{r})\rho(\boldsymbol{r}')}{|\boldsymbol{r}-\boldsymbol{r}'|}d\boldsymbol{r}d\boldsymbol{r}' + \int\rho(\boldsymbol{r})\varepsilon_{xc}(\rho)d\boldsymbol{r} \tag{2.85}$$

を式（2.50）の粒子数保存の条件のもとで最小化するようにして導出される方程式を求めてみればよい．

ここでは，相関エネルギーの表式として Ceperley と Alder によって得られたものを解説してきたが，相関エネルギーに対して多くの表式が提案されている．本書ではその詳細については触れないが，興味のある読者は参考文献を参照されたい[41],[42]．

（d） 一般化密度こう配近似法（GGA法） これまで触れてきた局所密度汎関数法では交換相関エネルギー E_{xc} が電子密度 $\rho(\boldsymbol{r})$ だけに依存するとして近似してきた．近年では，更に一歩進んで密度こう配に対する依存性の効果を考慮する近似法が開発されるようになってきた．この近似法を一般化密度こう配近似法（GGA法）と呼ぶ[43]．GGA法では交換相関エネルギーは

$$E_{xc}(\rho(\boldsymbol{r}),\nabla\rho(\boldsymbol{r})) \tag{2.86}$$

のように電子密度 $\rho(r)$ とそのこう配 $\Delta\rho(r)$ の汎関数として表される.GGA 法は分子など,電子密度の変化が大きな系において重要な近似になることが知られている.

2.3.4 第一原理計算によって何を求めることができるか

前項までに述べてきたことをここで簡単にまとめておく.n 個の原子からなる結晶内の i 番目の原子位置を τ_i と書くと,この結晶は各原子位置を表すベクトルによって,$(\tau_1, \tau_2, \cdots, \tau_n)$ と記述できることになる.これまで述べてきたことは,原子配置(結晶構造)$(\tau_1, \tau_2, \cdots, \tau_n)$ を与えると,第一原理計算によってこの原子配置 $(\tau_1, \tau_2, \cdots, \tau_n)$ に対する電子の波動関数 $\Psi[r;(\tau_1, \tau_2, \cdots, \tau_n)]$,固有値 $\varepsilon_i(\tau_1, \tau_2, \cdots, \tau_n)$,及び電子系のエネルギー $E_{el}[\rho(r);(\tau_1, \tau_2, \cdots, \tau_n)]$ を求めることができることが分かった.更に結晶内に存在する原子核間の反発のエネルギー $E_{nuc}(\tau_1, \tau_2, \cdots, \tau_n)$ を前項まで述べてきた電子系のエネルギー $E_{el}[\rho]$ に加えることによって与えられた原子配置(結晶構造)に対する系の全エネルギー(多数の原子核と電子からなる系の全エネルギー)$E_{total}(\tau_1, \tau_2, \cdots, \tau_n)$ を以下のように求めることができる.

$$E_{total}(\tau_1, \tau_2, \cdots, \tau_n) = E_{nuc}(\tau_1, \tau_2, \cdots, \tau_n) \\ + E_{el}[\rho(r);(\tau_1, \tau_2, \cdots, \tau_n)] \quad (2.87)$$

更に,$E_{total}(\tau_1, \tau_2, \cdots, \tau_n)$ を最小化する原子配置 $(\tau_1, \tau_2, \cdots, \tau_n)$ を求めることによって最安定原子配置(結晶構造)を決定することができる.言い換えると,第一原理計算を用いることによって「原子番号を入力するだけで結晶構造から電子構造に至るすべての情報を決定することができる」のである.実際,こうした第一原理計算を用いた手続きによって,表面の最安定構造など数多くの結晶構造が決定されるようになっている.第一原理計算を用いて新しい「材料設計」を目指す研究も盛んに行われている.

第一原理計算によって決定されるのは最安定原子配置だけにはとどまらない.例えば吸着原子が表面に存在する系の全エネルギーを,吸着原子の表面における二次元座標 (x, y) の関数として $E_{total}(x, y)$ を求めることができる.この関数 $E_{total}(x, y)$ は吸着原子が表面を動いていくときに感じるマイグレーションポテンシャルにほかならない.このように,第一原理計算によって吸

着原子のマイグレーションもある程度扱うことができる．また，吸着原子の表面から垂直方向への距離zの関数として系の全エネルギー$E_{\text{total}}(z)$を求め，zを0から∞まで増加させるときの障壁を求めることにより，吸着原子の吸着（脱離）エネルギーも求めることができる．また最近では，第一原理計算に基づいた分子動力学法も行われるようになってきた．この手法を用いることによって電子とともに動く原子の動的振舞いを量子論に基づいて決定できるようになってきている．更に，第一原理計算によって光吸収係数，有効質量など，諸物性の基礎となる物理量を何の仮定もすることなしに求めることができることも追記しよう．最安定原子配置を求めるもっと進んだ手法及び分子動力学法については2.4節で詳しく述べる．

このように第一原理計算によって，半導体プロセスにおいて非常に重要な結晶成長の素過程である吸着，マイグレーション，脱離を量子論に基づいてある程度議論することができる．実際に本書では，結晶成長過程に関する第一原理計算による議論の例を第4章で紹介する．

2.4　周期性がある系における第一原理計算

現実の結晶は無限個の原子核と電子を有している．このため，結晶を扱うためには無限個の原子核と電子からなる系を扱う必要がある．無限個の電子を扱うことは非常に難しいが，現実の結晶は周期性をもっているので以下に述べるBlochの定理の恩恵によって扱いを単純化することができる[35]＊．

2.4.1　結晶の周期性と実格子ベクトル

まず，無限個の電子と無限個の原子を有する結晶を結晶のもつ周期性を用いて効率的に定義するところから始める．結晶を定義するには，（1）結晶の周期を規定する単位実格子ベクトル，及び（2）結晶の単位胞を定義すればよいことが知られている．例えば図**2.15**のような単純一次元結晶を例にとって結晶の単位実格子ベクトルと結晶の単位胞の決定の仕方を考えてみよう．

図2.15の一次元単純格子は，周期aで炭素原子が並んでいる．したがって，

＊　現実の表面や不純物などの第一原理計算においては計算のテクニックとして仮想的に周期性を導入することが多い．このような扱いはスーパーセル法と呼ばれている．この意味でもBlochの定理は第一原理計算と密接に結びついているといえよう．

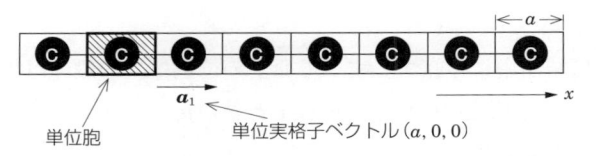

第2章 計　算　方　法

```
  ┌─a─┐
● C ● C ● C ● C ● C ● C ● C ● C
      ↑           a₁→              → x
    単位胞      単位実格子ベクトル (a, 0, 0)
```

単位胞と実格子ベクトルが決まれば，結晶が定義できる．
　単位胞：単位胞中の原子の個数　1
　　　　　単位胞中の原子の座標　$\tau_1 = (0, 0, 0)$

図 **2.15**　炭素原子からなる単純一次元格子

　この結晶の周期を規定する単位実格子ベクトルは $\boldsymbol{a}_1 = (a, 0, 0)$ で与えられる．更に結晶の単位胞は上図の斜線で示した領域のように与えられる．単位胞を定義するのには，単位胞の形状とともに単位胞中に存在する原子の種類と座標 τ を与える必要がある．この例の場合，単位胞の中心に1個のC原子が存在するので，$\tau_1 = (0, 0, 0)$ と定義するのが一つの選び方である．このように定義した単位胞を単位実格子ベクトル $\boldsymbol{a}_1$ ごとに順次移動させていくことによって，図2.15の一次元結晶全体をすべて覆うことができる．このように単位胞と単位実格子ベクトルの情報で結晶全体を表すことができる．

　次に2種類の元素を含む一次元結晶の場合について同様に考えてみよう（図**2.16**）．

　この例では結晶の周期 $2a$ に対応して，単位実格子ベクトルは $\boldsymbol{a}_1 = (2a, 0, 0)$ となる．また単位胞は図2.16の斜線で表した領域のように選ぶのが一例である．このとき，単位胞中にはNとBの2個の原子が存在し，座標はそれぞれ，$\tau_1 = (a/2, 0, 0)$，$\tau_2 = (-a/2, 0, 0)$ のように表せる（斜線の単位胞の中心を原

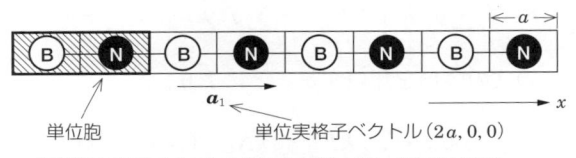

```
                                    ┌─a─┐
  B ● N ● B ● N ● B ● N ● B ● N
      ↑           a₁→              → x
    単位胞      単位実格子ベクトル (2a, 0, 0)
```

単位胞と実格子ベクトルが決まれば，結晶が定義できる．
　単位胞：単位胞中の原子の個数　1
　　　　　単位胞中の原子の座標　$\tau_1 = (a/2, 0, 0)$
　　　　　　　　　　　　　　　　$\tau_2 = (-a/2, 0, 0)$

図 **2.16**　2種類の元素を含むBN単純格子の例

点にとった).

このように結晶中に存在するすべて原子の位置は，一般に単位実格子ベクトル $\boldsymbol{a}_1, \boldsymbol{a}_2, \boldsymbol{a}_3$ と単位胞中の原子の座標 $\boldsymbol{\tau}_i$ と整数 n_x, n_y, n_z によって以下のように表現することができる．

$$\boldsymbol{R}(n_x, n_y, n_z, i) = n_1\boldsymbol{a}_1 + n_2\boldsymbol{a}_2 + n_3\boldsymbol{a}_3 + \boldsymbol{\tau}_i \tag{2.88}$$

言い換えると，単位胞と単位実格子ベクトルの情報を与えさえすれば結晶のもつ情報をすべて表すことができるのである．例えば，結晶中の原子核がつくるポテンシャルは単位実格子ベクトル $\boldsymbol{a}_1, \boldsymbol{a}_2, \boldsymbol{a}_3$ と単位胞中の原子の座標 $\boldsymbol{\tau}_i$ を用いて以下のように与えられる．

$$V_{\text{crystal}}(\boldsymbol{r}) = \sum_{n,i} \frac{Z_i}{|\boldsymbol{r} - n_1\boldsymbol{a}_1 - n_2\boldsymbol{a}_2 - n_3\boldsymbol{a}_3 - \boldsymbol{\tau}_i|} \tag{2.89}$$

実際，これら二つの例だけではなく，一般の結晶に対しても同様のことが成り立っている．現実に結晶を対象とする第一原理計算において原理的に必要な入力情報は，基本的に単位胞の情報と単位実格子ベクトルの情報の二つだけである．

2.4.2　結晶の周期性と逆格子ベクトル

周期をもつ結晶の物理量，例えば電子密度などは結晶の周期を反映した周期関数となる．すなわち，結晶のもつ実格子ベクトルを $\boldsymbol{R}_i$ とすると，$f(\boldsymbol{r} + \boldsymbol{R}_i) = f(\boldsymbol{r})$ が成立する．このような周期関数 $f(\boldsymbol{r})$ を平面波展開で $f(\boldsymbol{r}) = \sum g(\boldsymbol{k})e^{i\boldsymbol{k}\boldsymbol{r}}$ のように表すとき，展開に必要なベクトル $\boldsymbol{k}$ について考えてみる．$f(\boldsymbol{r})$ のもつ周期性より，

$$f(\boldsymbol{r} + \boldsymbol{R}_i) = \sum g(\boldsymbol{k})e^{i\boldsymbol{k}(\boldsymbol{r} + \boldsymbol{R}_i)} = \sum g(\boldsymbol{k})e^{i\boldsymbol{k}\boldsymbol{r}} = f(\boldsymbol{r}) \tag{2.90}$$

が成立する．この式の各項を比較することにより，

$$e^{i\boldsymbol{k}\boldsymbol{R}_i} = 1, \quad \text{あるいは，} \quad \boldsymbol{k}\boldsymbol{R}_i = 2\pi N \quad (N\text{は整数}) \tag{2.91}$$

が成立する．この条件を満たすベクトル $\boldsymbol{k}$ を逆格子ベクトルと呼ぶ．

図 **2.17** のような一次元単純格子の場合に，系の実格子ベクトル $\boldsymbol{R}_i$ が i で $\boldsymbol{a}$ のように単位実格子ベクトルの整数倍で与えられるので，式 (2.91) は，

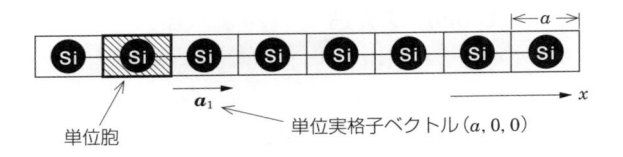

図2.17 Siの単純一次元格子

$$i k a_1 = 2\pi N \tag{2.92}$$

となる．この式がすべての整数 i について成立するので，ベクトル k は整数 N を用いて，$k = (2\pi N/a, 0, 0)$ のように $2\pi/a$ の整数倍になる．このように，周期関数を平面波展開するときに必要なベクトル k は k 空間において離散的な格子点を形成する．このベクトルを逆格子ベクトルと呼び，慣例的に $G = (2\pi N/a, 0, 0)$ と表す．この例では一次元結晶の逆格子ベクトルについて説明したが，一般の三次元結晶のときは，m_1, m_2, m_3 を任意の整数として，$G = m_1 \bm{b}_1 + m_2 \bm{b}_2 + m_3 \bm{b}_3$ のように表すことができる．ここに，$\bm{b}_1, \bm{b}_2, \bm{b}_3$ は単位逆格子ベクトルと呼ぶ．単位逆格子ベクトル $\bm{b}_1, \bm{b}_2, \bm{b}_3$ は，結晶の単位実格子ベクトル $\bm{a}_1, \bm{a}_2, \bm{a}_3$ を用いて

$$\left. \begin{array}{l} \bm{b}_1 = 2\pi \dfrac{(\bm{a}_2 \times \bm{a}_3)}{\bm{a}_1 (\bm{a}_2 \times \bm{a}_3)} \\[2mm] \bm{b}_2 = 2\pi \dfrac{(\bm{a}_3 \times \bm{a}_1)}{\bm{a}_2 (\bm{a}_3 \times \bm{a}_1)} \\[2mm] \bm{b}_3 = 2\pi \dfrac{(\bm{a}_1 \times \bm{a}_2)}{\bm{a}_3 (\bm{a}_1 \times \bm{a}_2)} \end{array} \right\} \tag{2.93}$$

のように与えられる．

逆格子ベクトルは結晶の周期をもつ関数を平面波展開するのに必要なベクトル G として定義されるが，後で見るように k 空間で定義される関数，例えば結晶中の電子エネルギー分散 $E(\bm{k})$ などの関数の定義域（ブリユアンゾーン）の決定にも重要な役割を果たす．

2.4.3 ブロッホ（Bloch）の定理

この項では周期性をもつ結晶中における電子の振舞いを考えてみる．周期的なポテンシャル中の波動関数に対しては，以下のBlochの定理が成立する．

[定理]　**Blochの定理**

結晶中の波動関数 $\psi(\boldsymbol{r})$ に対して次の関係式が成立する．

$$\psi(\boldsymbol{r}+\boldsymbol{R}) = e^{ikR}\psi(\boldsymbol{r}) \tag{2.94}$$

ただし，$\boldsymbol{R}$ は結晶の実格子ベクトルである．

（**証明**）　証明は簡単のために一次元について行う．$\boldsymbol{a}$ を結晶の単位実格子ベクトルとすると，結晶の周期性から結晶中の座標が $\boldsymbol{r}$ から $\boldsymbol{r}+\boldsymbol{R}$ に変化しても物理的な状況は変化しないはずである．したがって，物理的に意味のある量である波動関数の絶対値の二乗は等しくなるので

$$|\psi(\boldsymbol{r})|^2 = |\psi(\boldsymbol{r}+\boldsymbol{a})|^2 \tag{2.95}$$

あるいは

$$\psi(\boldsymbol{r}+\boldsymbol{a}) = e^{i\omega}\psi(\boldsymbol{r}) \tag{2.96}$$

が成立する．結晶の周期性から座標が $\boldsymbol{r}+\boldsymbol{a}$ から $\boldsymbol{r}+2\boldsymbol{a}$ に変化するときに起こる変化は座標が $\boldsymbol{r}$ から $\boldsymbol{r}+\boldsymbol{a}$ に変化するときに起こる変化と同じであることから

$$\psi(\boldsymbol{r}+2\boldsymbol{a}) = e^{i\omega}\psi(\boldsymbol{r}+\boldsymbol{a}) \tag{2.97}$$

となる．したがって

$$\left. \begin{array}{l} \psi(\boldsymbol{r}+2\boldsymbol{a}) = e^{2i\omega}\psi(\boldsymbol{r}) \\ \text{あるいは} \\ \psi(\boldsymbol{r}+n\boldsymbol{a}) = e^{ni\omega}\psi(\boldsymbol{r}) \end{array} \right\} \tag{2.98}$$

である．

$$\omega = ka \tag{2.99}$$

と置くと

$$\psi(\boldsymbol{r}+n\boldsymbol{a}) = e^{nika}\psi(\boldsymbol{r}) \tag{2.100}$$

$\boldsymbol{R}$ は一次元の実格子ベクトルなので，$\boldsymbol{R} = n\boldsymbol{a}$（$n$ は正数，$\boldsymbol{a}$ は単位実格子ベクトル）と表すことができるので，

$$\psi(\boldsymbol{r}+\boldsymbol{R}) = e^{ikR}\psi(\boldsymbol{r}) \tag{2.100}$$

となり，Blochの定理が証明された．

　この式に現れる k は結晶の並進対称性に関係する連続的量子数で，結晶中の波動関数，$\psi(r+R)$ と $\psi(r)$ の間の位相 e^{ikR} を表す量として定義される．k は一般に波数と呼ばれている．一般に結晶中のエネルギー固有値及び，波動関数は離散的なエネルギー準位に対応する n と位相に関係する連続的な波数 k の二つの量子数によって $E_{k,n}$，$\psi_{k,n}(r)$ のように表現される．すなわち，結晶のハミルトニアンを $H_{\text{crystal}}(r)$ とすると，

$$H_{\text{crystal}}(r)\psi_{k,n}(r) = E_{k,n}\psi_{k,n}(r) \tag{2.101}$$

のように表すことができる．結晶中の電子は連続的なエネルギー固有値のみをもつ自由電子と離散的な固有値のみをもつ孤立原子中の電子との中間的な性質をもつということができる．結晶中の電子がとり得るエネルギー固有値の模式図を孤立原子中の電子，自由電子の場合を合わせて図 **2.18** に示す．結晶中の電子は連続的な量子数 k と離散的な量子数 n の2種類の量子数をもつことによってバンド構造を形成する．

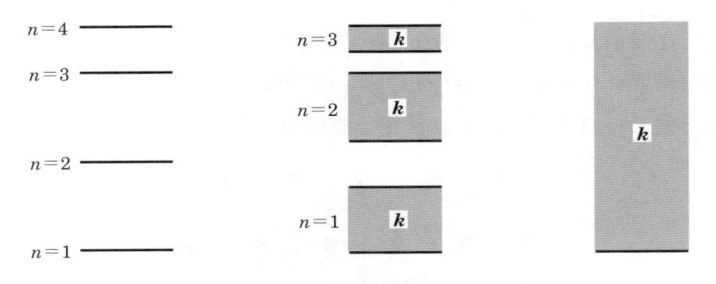

図 **2.18** (a) 孤立原子，(b) 結晶中の電子，(c) 自由電子のエネルギーダイヤグラム

　次に，波数 k が定義される範囲について考えてみよう．k は波動関数 $\psi(r+R)$ と $\psi(r)$ の間の位相 e^{ikR} を決める量である．e^{ikR} と $e^{i(k+G)R}$ は全

く同じ位相を与えるので，k と $k+G$ は物理的には全く同等である．これは逆格子ベクトル G が $e^{iGR}=1$ を満足することによる．したがって，電子のエネルギー固有値 $E_{k,n}$ は逆格子ベクトルの周期をもつ k の周期関数になるのである．すなわち，k の範囲を k 空間全体にわたってとる必要はない．それではどのように k の範囲をとったらよいのであろうか．まず，簡単のために一次元の場合について考えてみよう．周期 a の一次元系においては，逆格子ベクトルは $G_n=(2\pi n/a, 0, 0)$ のように書けるので，$E_{k,n}$ は $2\pi/a$ の周期をもつ k の関数になる．したがって，$-\pi/a < k_x \leq \pi/a$ の範囲で k_x を定義すれば，k 空間全体における $E_{k,n}$ の情報を表すことができる．このようにして定義される k の定義域を第一ブリユアンゾーンと呼ぶ．一般の三次元のときに以下の手続きによって結晶の対称性を保った第一ブリユアンゾーン（ウィグナー・ザイツ（Wigner-Seitz）セル）を定めることができることが知られている．

(1) 原点 O から周囲のすべての逆格子ベクトル G に向かって線分を書く．
(2) この線分の垂直二等分面（二次元のときは垂直二等分線）を描く．
(3) この垂直二等分線で囲まれる最小の多面体（二次元のときは多角形）が第一ブリユアンゾーンである．

第一ブリユアンゾーンの決め方については図 **2.19** に模式的に与える．

ここで，波数 k のもつ物理的な意味について考えてみる．数学的にいうと，k は波動関数 $\psi(r+R)$ と $\psi(r)$ の間の位相 e^{ikR} を定める量として Bloch の定理から帰結される量である．位相を決めることは実質的に他の物理的な性

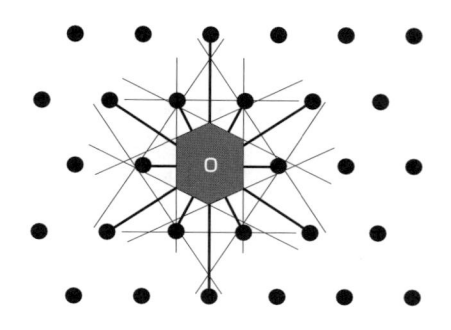

図 **2.19** 第一ブリユアンゾーンの決定の仕方の模式図．
図のアミかけで囲まれた六角形が第一ブリユアンゾーン．黒丸は逆格子ベクトルがつくる格子点

質を規定することになっている．まず，自由電子のときに波数 k のもつ物理的な意味について考えてみよう．自由電子の波動関数は $\psi_{\text{free}}(r) = e^{ikR}$ と表せるので，波数 k あるいは正確には $\hbar k$ は運動量に対応することになる．一般の系に対しては，必ずしも波数 k は運動量に対応するわけではないが，運動量と類似する性質が多いことから，結晶運動量と呼ばれることもある．

次に波数 k のもつもう一つの物理的な意味について考えてみる．例えば，一次元の単純結晶を例にとって考えてみよう．ある原子の回りの波動関数を $\psi(r)$ とする．その原子に隣接する原子の回りの波動関数は $\psi(r+a) = e^{ika}\psi(r)$ である．それでは波数 k が定める波動関数を模式的に考えてみる．$k=0$ では，図 **2.20** (a) のように，二つの原子の間で波動関数は同じ値をもつ．これに対して第一ブリユアンゾーンの端，$k=\pi/a$ では図 2.20 (b) のように，二つの原子の間で波動関数は反対符号になる．これは，二原子分子のときに出てくる結合状態（bonding state）〔図 2.20 (c)〕と反結合状態（anti-bonding state）〔図 2.20 (d)〕と類似していることが分かる．このよう

(a) $k=0$

(b) $k=\pi/a$

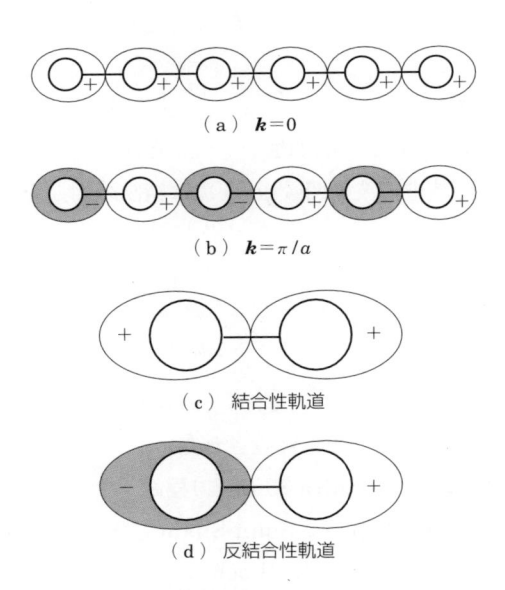

(c) 結合性軌道

(d) 反結合性軌道

図 **2.20** 波数 k が定める波動関数の模式図．
二原子分子の結合性軌道，反結合性軌道と類似点があることが分かる

に波数 k は結晶中の波動関数の結合状態を表す側面をもつ．結晶には無限個の原子が含まれているので，結合状態も無限個の原子に対応して無限個存在する．これらの各々の結合状態が第一ブリユアンゾーンの中に連続的に存在する波数 k と対応づけられるのである．

次に Bloch の定理の別の形式（第二形式）を導出する．この形式は，波動関数を平面波展開するときに便利な Bloch の定理の表現法である．

[定理] **Bloch の定理の第二形式**

結晶中の波動関数 $\psi_k(\boldsymbol{r})$ は

$$\psi_k(\boldsymbol{r}) = e^{ikR}\phi_k(\boldsymbol{r}) \tag{2.102}$$

のように結晶の周期をもつ周期関数 $\phi_k(\boldsymbol{r})$ によって表現することができる．

（証明） Bloch の定理より，

$$\psi_k(\boldsymbol{r}+\boldsymbol{R}) = e^{ikR}\psi_k(\boldsymbol{r})$$

ここで，$\psi_k(\boldsymbol{r}) = e^{ikR}f_k(\boldsymbol{r})$ と置いて，Bloch の定理に代入すると，

$$e^{ik(r+R)}f_k(\boldsymbol{r}+\boldsymbol{R}) = e^{ikR}e^{ikr}f_k(\boldsymbol{r}) = e^{ik(r+R)}f_k(\boldsymbol{r}) \tag{2.103}$$

よって

$$f_k(\boldsymbol{r}+\boldsymbol{R}) = f_k(\boldsymbol{r}) \tag{2.104}$$

すなわち，$f_k(\boldsymbol{r})$ は結晶の周期性をもつことが証明された．

したがって，結晶中の波動関数 $\psi_k(\boldsymbol{r})$ は結晶の周期をもつ周期関数 $\phi_k(\boldsymbol{r})$ によって

$$\psi_k(\boldsymbol{r}) = e^{ikr}\phi_k(\boldsymbol{r}) \tag{2.105}$$

のように書くことができる．

式 (2.105) は自由電子については，$\phi_{k,\text{free}}(\boldsymbol{r}) = 1$ と非常に特殊な周期関数（恒等関数）になっていることに注意されたい．

2.4.4　結晶中における Kohn-Sham 方程式

それでは，2.3.2 項で導出した Kohn-Sham 方程式は周期性のある結晶中ではどのようになるのであろうか．Bloch の定理の第二形式で現れる結晶の周期をもつ関数 $\phi_{kn}(\boldsymbol{r})$ を用いて，結晶中における Kohn-Sham 方程式を表すと次のようになる．

第2章 計算方法

$$\left[-\frac{1}{2}(\boldsymbol{k}+\nabla)^2 + v_{\text{eff}}(\boldsymbol{r})\right]\phi_{kn}(\boldsymbol{r}) = \varepsilon_{kn}\phi_{kn}(\boldsymbol{r}) \tag{2.106}$$

ただし,

$$v_{\text{eff}}(\boldsymbol{r}) = v_{\text{nuc}}(\boldsymbol{r}) + \int \frac{\rho(\boldsymbol{r})}{|\boldsymbol{r}-\boldsymbol{r}'|}d\boldsymbol{r}' + v_{xc}(\boldsymbol{r}) \tag{2.107}$$

$$v_{xc}(\boldsymbol{r}) = \varepsilon_{xc}(\rho) + \rho(\boldsymbol{r})\frac{d\varepsilon_{xc}[\rho]}{d\rho} \tag{2.108}$$

のようになる.

式 (2.108) のKohn-Sham方程式を数値的に解くにはいくつかの手法があげられているが, ここでは$\phi_k(\boldsymbol{r})$を平面波で展開する手法について簡単に述べる[44].

$\phi_k(\boldsymbol{r})$は結晶の周期をもつ周期関数であるので, 2.4.2項で解説したように, 結晶の逆格子ベクトル$\boldsymbol{G}$によって

$$\phi_k(\boldsymbol{r}) = \sum c_G \exp(-i\boldsymbol{G}\boldsymbol{r}) \tag{2.109}$$

のように展開することができる. その結果 (2.106) のKohn-Sham方程式は

$$-\frac{1}{2}(\boldsymbol{k}+\boldsymbol{G})^2 c_G + \sum_{G'} V_{\text{eff}}(\boldsymbol{G}-\boldsymbol{G}')c_{G'} = \varepsilon_{kn} c_G \tag{2.110}$$

ただし,

$$v_{\text{eff}}(\boldsymbol{G}) = \int v_{\text{eff}}(\boldsymbol{r})\exp(i\boldsymbol{G}\boldsymbol{r})d\boldsymbol{r} \tag{2.111}$$

のようになる. $V_{\text{eff}}(\boldsymbol{G})$の実際の形式については

$$v_{\text{eff}}(\boldsymbol{G}) = v_{\text{nuc}}(\boldsymbol{G}) + V_H(\boldsymbol{G}) + V_{xc}(\boldsymbol{G}) \tag{2.112}$$

ただし,

$$v_{\text{nuc}}(\boldsymbol{G}) = \int v_{\text{nuc}}(\boldsymbol{r})\exp(i\boldsymbol{G}\boldsymbol{r})d\boldsymbol{r} \tag{2.113}$$

$$V_H(\boldsymbol{G}) = 4\pi \frac{\rho(\boldsymbol{G})}{|\boldsymbol{G}|^2} \tag{2.114}$$

$$v_{xc}(\boldsymbol{G}) = \int v_{xc}(\boldsymbol{r})\exp(i\boldsymbol{G}\boldsymbol{r})d\boldsymbol{r} \tag{2.115}$$

のように与えられる. 式 (2.114) のように, ハートリーポテンシャルが平面波展開の際には非常に単純な逆格子ベクトル$\boldsymbol{G}$の関数で表されることは注目

に値する.長距離力のハートリーポテンシャルがG表示では単純になるのである.同様のことは原子核が形づくる長距離力のポテンシャル$v_\mathrm{nuc}(G)$についてもいえる.

現実に方程式(2.108)を解く際には,この方程式を行列方程式として扱うことが多い.式(2.108)を行列方程式の形で書いて変形すると次のような行列の永年方程式になる.

$$\begin{vmatrix} -\frac{1}{2}(\boldsymbol{k}+\boldsymbol{G}_1)^2-\varepsilon_{ki}, & V_\mathrm{eff}(\boldsymbol{G}_1-\boldsymbol{G}_2), & \cdots, & V_\mathrm{eff}(\boldsymbol{G}_1-\boldsymbol{G}_n) \\ V_\mathrm{eff}(\boldsymbol{G}_2-\boldsymbol{G}_1), & -\frac{1}{2}(\boldsymbol{k}+\boldsymbol{G}_1)^2-\varepsilon_{ki}, & \cdots, & V_\mathrm{eff}(\boldsymbol{G}_2-\boldsymbol{G}_n) \\ \vdots & \vdots & \vdots & \vdots \\ V_\mathrm{eff}(\boldsymbol{G}_n-\boldsymbol{G}_1), & V_\mathrm{eff}(\boldsymbol{G}_n-\boldsymbol{G}_2), & \cdots, & -\frac{1}{2}(\boldsymbol{k}+\boldsymbol{G}_n)_2-\varepsilon_{ki} \end{vmatrix}$$
$$= 0 \tag{2.116}$$

この永年方程式の固有値ε_{kn}と固有ベクトルc_Gを自己無撞着に求めることによってKohn-Sham方程式のエネルギーバンド構造と電子波動関数を決定することができる.平面波展開の計算(逆格子空間の計算)の利点は長距離力であるハートリーポテンシャル及び,結晶中の原子核の与えるポテンシャルが結晶の周期性によって簡便な表式で表せる点である.交換相関ポテンシャルについては実空間の求めた値$v_{xc}(\boldsymbol{r})$を高速フーリエ変換によって逆格子空間での表示に変換することによって固有値方程式の行列要素を求めるようにしている.平面波展開による手法では永年方程式の基底の数の増加は行列の次元の増加につながり,計算に要する時間が劇的に大きくなってしまう.このため実際の計算で大きな系を扱う際には基底の数を低減する手法を避けて通ることはできない.後で述べる擬ポテンシャル法は基底の数を低減する手法の最も有力な手法の一つである.

2.4.5 擬ポテンシャル

第一原理計算法には大きく分けて,原子の回りに存在する電子をすべて考慮に入れる全電子計算法と価電子だけを扱う擬ポテンシャル法の二つがある.密度汎関数法に基づいた全電子計算法としてはDV-Xα法,APW法,FLAPW法など多くの方法が含まれる.またその中のいくつかのプログラムは公開さ

第2章 計算方法

れ，自由に購入することができるようになっている．ここでは本書の中で中心的に用いる第一原理計算の手法である擬ポテンシャル法について簡単に解説する．平面波展開による解法においては，擬ポテンシャルを用いて基底の数を低減することが不可欠であり，擬ポテンシャルの使用は最も一般的である[44]～[48]．

原子核の回りにはイオン芯と価電子が存在する．図 **2.21** に擬ポテンシャル法の考え方を模式的に示す．一般に，イオン芯の部分は原子がどのような環境に置かれてもほとんど影響を受けず，価電子密度だけが大きく変化することが多い．擬ポテンシャル法では図2.21に示すように，物性の基本的部分に寄与しないことが多いイオン芯の部分を固定して，価電子だけを正確に扱う．

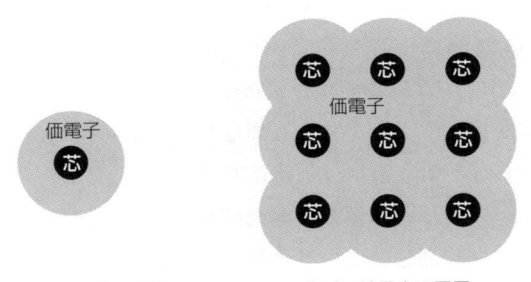

（a）孤立原子中の電子　　（b）結晶中の電子

図 **2.21**　擬ポテンシャルの考え方．
芯の電子の振舞いは原子が結晶を形成しても孤立原子のときとほとんど変わらない．したがって，価電子だけをまじめに扱えば基本的な物理量を議論することが可能となる．

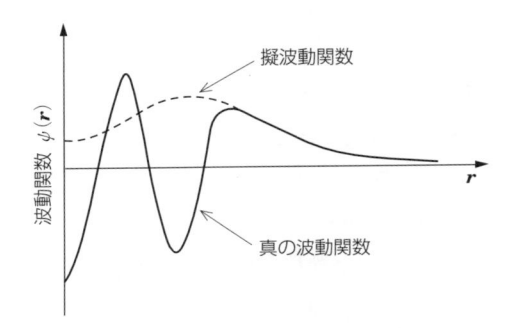

図 **2.22**　Ge4s 軌道の芯の波動関数と擬波動関数

つまり,「原子核＋イオン芯」を擬原子と考え,擬原子がその回りにつくるポテンシャル,すなわち,擬ポテンシャルの回りの価電子の振舞いを調べようという思想である．擬ポテンシャルを用いることによりイオン芯の部分の電子を扱わなくて済むので必要な計算時間は大幅に少なくなる．

擬ポテンシャルは「原子核＋イオン芯」をどのように扱って擬原子と考えるか，というところに任意性がある．このため，いくつかの擬ポテンシャルを作成する処方箋が示されている．本項では，ハマン・シュルター(Hamman-Schluter)の方法によって作成されたGeの擬ポテンシャルについて紹介する．図2.22にGe4s軌道の真の波動関数と擬ポテンシャルから得られるGe4s軌道の擬波動関数を図示する．この図から分かるように，もともと節（node）を三つ有して原子の回りで激しく振動していた真の波動関数が擬波動関数においては節をもたず，原子の回りにおいても非常になめらかになっていることが分かる．このように擬ポテンシャルを用いることによって，波動関数自体が扱いやすくなり，必要な基底の数も大幅に低減する．また同時に図2.22から分かるように，波動関数がなめらかになったのにもかかわらず，イオン芯部分よりも外側では波動関数と擬波動関数が完全に一致している．更に，イオン芯部分の真の波動関数電子密度の総量が擬波動関数においても完全に保存されていることを意味する．このような性質を「ノルム保存」と呼ぶ．擬波動関数がノルム保存するように作成される擬ポテンシャルをノルム保存形擬ポテンシャルと呼ばれる．Hamman-Schluterポテンシャル[45],[46]はノルム保存形の擬ポテンシャルの典型的なものである．ノルム保存の性質は，擬ポテンシャルを用いても主に価電子が寄与する物性は定量的に扱えることを保証しているといえよう．

2.4.6　超ソフト擬ポテンシャル

後で述べる第一原理分子動力学法では，原子の配置に応じた電子系の最安定電子状態から原子に加わる力を計算する際の力の計算を簡略化するために，平面波基底が必須である．しかし，ホウ素や炭素，酸素，窒素といった第二周期の元素では$2s$, $2p$が，また遷移金属元素などではdやf軌道が価電子軌道として現れるが，これらは原子核周辺に強く局在しているために平面波基底では非常に高い周波数成分まで必要となり，計算量が莫大となる．そこで，

この困難を乗り切るために高い周波数成分（絶対値の大きな逆格子ベクトルによる展開）が不要な特殊な擬ポテンシャル，超ソフト擬ポテンシャルが利用されている．この超ソフト擬ポテンシャルとしては，トゥルーリー・マーチン（Troullier-Martin）形[47]とヴァンダービルト（Vanderbilt）形[48]が広く用いられている．

2.5 第一原理に基づいた動的計算手法

2.5.1 第一原理分子動力学法

経験的な良い原子間力ポテンシャルが存在しないような系や，同じ元素の原子でもその性質が大きく異なる状況にある界面・欠陥などが含まれる系で，温度に関わる性質や動的振舞いを計算するためには，量子力学のシュレディンガー方程式に基づいて原子に加わる力が計算できる第一原理分子動力学法を用いる必要がある．全エネルギーをシュレディンガー方程式に基づいて計算できる第一原理計算の手法に従えば，各原子に加わる力も非経験的に計算することが可能である．全エネルギーは各原子の座標 τ_i の関数として

$$\begin{aligned} E_{\text{total}}(\tau_1, \tau_2, \cdots, \tau_n) &= T[\rho] + U[\rho; \tau_1, \tau_2, \cdots, \tau_n] + U_H[\rho] + U_{xc}[\rho] \\ &\quad + E_{\text{nuc}}(\tau_1, \tau_2, \cdots, \tau_n) \\ &= \sum_{n, k} \int \psi^*_{n, k}(\boldsymbol{r}) H_{\text{eff}}(\tau_1, \tau_2, \cdots, \tau_n) \psi_{n, k}(\boldsymbol{r}) d\boldsymbol{r} \\ &\quad + E_{\text{nuc}}(\tau_1, \tau_2, \cdots, \tau_n) \end{aligned} \quad (2.117)$$

ただし，

$$H_{\text{eff}} = -\frac{1}{2} \nabla^2 + v_{\text{nuc}}(\boldsymbol{r}; \tau_1, \tau_2, \cdots, \tau_n) + \int \frac{\rho(\boldsymbol{r}')}{|\boldsymbol{r} - \boldsymbol{r}'|} d\boldsymbol{r}' + v_{xc}(\boldsymbol{r}) \quad (2.118)$$

$$\rho(\boldsymbol{r}) = \sum_{n, k} |\psi_{n, k}(\boldsymbol{r})|^2 \quad (2.119)$$

であったので，各原子 τ_i に加わる力は次のようになる．

$$\begin{aligned}
F(\tau_i) &= -\nabla_{\tau_i} E_{\text{total}}(\tau_1, \tau_2, \cdots, \tau_n) \\
&= -\sum_{n,k} \int \frac{\partial \psi_{n,k}^*(r)}{\partial \tau_i} H_{\text{eff}}(\tau_1, \tau_2, \cdots, \tau_n) \psi_{n,k}(r) dr \\
&\quad -\sum_{n,k} \int \psi_{n,k}^*(r) H_{\text{eff}}(\tau_1, \tau_2, \cdots, \tau_n) \frac{\partial \psi_{n,k}(r)}{\partial \tau_i} dr \\
&\quad -\sum_{n,k} \int \psi_{n,k}^*(r) \frac{\partial v_{\text{nuc}}(r; \tau_1, \tau_2, \cdots, \tau_n)}{\partial \tau_i} \psi_{n,k}(r) dr \\
&\quad -\frac{\partial E_{\text{nuc}}(\tau_1, \tau_2, \cdots, \tau_n)}{\partial \tau_i}
\end{aligned} \tag{2.120}$$

ここで

$$H_{\text{eff}} \psi_{n,k}(r) = \varepsilon_{kn} \psi_{n,k}(r), \quad \int \psi_{n,k}^*(r) \psi_{n,k}(r) dr = 1 \tag{2.121}$$

という拘束条件があるので,

$$\begin{aligned}
F(\tau_i) &= -\sum_{n,k} \int \psi_{n,k}^*(r) \frac{\partial v_{\text{nuc}}(r; \tau_1, \tau_2, \cdots, \tau_n)}{\partial \tau_i} \psi_{n,k}(r) dr \\
&\quad -\frac{\partial E_{\text{nuc}}(\tau_1, \tau_2, \cdots, \tau_n)}{\partial \tau_i}
\end{aligned} \tag{2.122}$$

となる（ヘルマン・ファインマン（Hellmann-Feynman）力）．このように原子に加わる力が計算できるので，あとは（2.1節で述べた）古典的な分子動力学と同様の方法で原子の位置を移動すればよいのである．

　陽子や中性子の質量に比べて電子の質量はおよそ1/1,800であるから，原子核の運動に比べて電子の運動は非常に早い．したがって，電子励起を外的に加えるような現象でない限り，一般にはそれぞれの原子配置で電子状態は平衡な安定状態にあると考えられる（ボルン・オッペンハイマー（Born-Oppenheimer）近似）．そこで，第一原理分子動力学法でも，原子核の位置を動かしては最安定電子状態を計算し，最安定電子状態を計算しては原子核に加わる力を計算する，というステップを繰り返す．

　しかし，この手法では，原子の配置に応じて電子系の最安定電子状態を得てそこから原子に加わる力を計算しなければならず，単に原子の配置から力

を計算すればよい古典的な分子動力学法に比べると多大な計算時間が必要となる．そのため，いかに速く原子に加わる力を計算するか，いかに速く電子系の最安定電子状態を求めるかが，この手法の成否を担う問題である．

2.5.2 最安定電子状態の計算速度向上（Car-Parrinelloの方法，共役こう配法）

電子系の最安定電子状態を得るには，前に述べたように次の二つの種類のステップが必要である．

(1) 与えられた電子密度をもとに電子のポテンシャルを用意し，そのもとで一電子の固有状態を求める．

(2) (1)のステップにより得られた一電子固有状態から電子密度を求める．

以上の2段階のサイクルを繰り返し行い，電子密度の変化が無視できるほど小さくなるようにする（自己無撞着（self-consistent）な解法）．

これらの計算を速くするという問題の解決の突破口を開いたのがカーとパリネロ（Car and Parrinello）らによって提案されたいわゆるCar-Parrinelloの方法である[49]．第一原理分子動力学法では原子の配置は微少な時間ステップごとに少しずつ変化する．したがって，各時間ステップで電子状態もそれほど大きく変化しないことが期待できる．ならば，直前の時間ステップでの電子状態に対する摂動を計算することにより(1)のステップの計算を加速することができるはずであり，直前の電子密度を用いることにより(2)のステップの計算を加速することができるはずである．そして，電子系が必ずしも最安定電子状態でなくてもそれに近ければ原子に加わる力もそれほど大きな誤差を与えないことが期待できるので，(2)のステップの収束が不完全でも原子に加わる力を計算して原子核を動かすように工夫したのである．

具体的には，電子系もイオン系と同様に「運動」するものと捉えて，電子・原子核系のラグランジアンを次のようにとる．

$$\mathcal{L} = \mu \sum_{k,n} \int \left| \frac{\partial \psi_{k,n}(\boldsymbol{r})}{\partial t} \right|^2 d\boldsymbol{r} + \frac{1}{2} \sum M_i \left| \frac{\partial \tau_i}{\partial t} \right|^2 - E[\psi_{k,n}, \tau_i] \tag{2.123}$$

ただし，μは電子系の仮想質量，M_iはi番目の原子核の質量，$\varepsilon[\Psi_{k,n}, \tau_i]$は系の波動関数が$\Psi_{k,n}$，系の原子核の位置が$\tau_i$であるときの系の電子系のエネ

ルギーである．Born-Oppenheimer近似，つまり断熱近似の概念に従えば右辺第1項は存在し得ないが，このように電子系に対しても仮想的な質量μを導入することにより，電子系の収束にも運動方程式の概念を取り入れた．更に，規格化条件と電子密度の定義を使うと解くべき運動方程式は

$$\mu \frac{\partial^2 \psi_{k,n}(\boldsymbol{r})}{\partial t^2} = -\frac{\delta E}{\delta \psi_{k,n}(\boldsymbol{r})} + \sum \varepsilon_{ij} \psi_{k,n}(\boldsymbol{r}) \tag{2.124}$$

$$M_i \frac{\partial^2 \tau_i}{\partial t^2} = -\frac{\delta E}{\delta \tau_i} \tag{2.125}$$

となる．ε_{ij}はラグランジの未定係数で電子の波動関数が規格化条件を満たすように決める．第二の式は右辺が各原子に加わる力を表していて，通常の古典分子動力学法でも見られる原子の運動方程式である．第一の式は通常では存在しないもので，左辺が0の極限でまさに電子系の基底状態を求める方程式に一致し，実際の計算では前の時間ステップの波動関数をもとに次の時間ステップの波動関数を計算してやる摂動計算に当たる．この運動方程式に従って「擬似」分子動力学を行うのが，Car-Parrinelloの方法である．

　特にこの手法のすばらしい点は，(1)のステップの計算の部分である．この部分については，それ以前$\mathcal{H}\boldsymbol{u} = \varepsilon \boldsymbol{u}$（$\mathcal{H}$はハミルトニアン行列，$\varepsilon$は固有エネルギー，$\boldsymbol{u}$は固有状態の係数ベクトル）という行列式を厳密対角化していちいち解き直していた．この厳密対角化の手法では確かにたった1回の計算で厳密に正しい固有エネルギーと固有状態をすべて求めることができる利点がある．しかし，実際に計算で必要なのは固有エネルギーの小さいほうのわずかな数の固有状態だけであるにもかかわらず全部の固有値を解かなければならず，しかも計算の精度を上げるために平面波基底の数を増やせば増やすほど計算すべき行列の次元は大きくなって不要な計算も増えてしまい，どんなに原子の配置の変化が小さくても毎回最初から解き直さなければならず，そのうえ行列のすべての値をあらかじめいちいち計算してメモリ上に記憶しなければならない．それに比べると，(1)のステップの摂動による解法は，必要な固有状態だけ計算でき，平面波基底の数を増やしてもむだな計算は膨らまず，原子の配置の変化が小さければ計算量は少なくなり，そして記憶しておくべき量は行列ではなくベクトルである．非常に画期的な方法である．

しかし残念ながら，このCar-Parrinelloの方法をそのまま実際の第一原理分子動力学法に用いるのには問題が多い．この手法で得られる途中の状態は，第一の式の左辺が非常に0に近いことが保証されない限り，物理的には何の意味もないからである．実際，電子系に対する仮想質量の取り方にはかなり詳細な検討と経験が必要であり，また更に金属のような系では電子系とイオン系の間にエネルギーの移動が頻繁に起こってしまい仮想質量を計算が可能な現実的な大きさに保つことは難しい．そこで現在では，Car-Parrinelloの方法そのものではなく，より新しい手法が用いられている．

第一原理分子動力学法では電子状態をいかに速く計算するかが問題であることを先ほど述べた．その点，Car-Parrinelloの方法は，直前の時間ステップでの電子状態に対する摂動を計算することにより (1) のステップの計算を加速することができる，というすばらしい解決策を示した．Car-Parrinelloの方法のうち問題となるのは，0でない仮想質量を導入して電子系を最安定状態へ必ずしも収束させないことである．したがって，何らかの方法で摂動計算によって電子状態の計算を加速してやって，しかし電子状態はちゃんと収束させ，そのもとに原子に加わる力を計算してやればよい．

摂動計算とは次のようなものである．$v = (\mathcal{H} - \varepsilon)u$, $\varepsilon = u^\dagger \mathcal{H} u$とする．$u$が実際の固有状態であるならば$v = 0$となる．しかし，$u$として固有状態ではないものをもってくれば$v$は有限となる．$u$として実際の固有状態に近いものをもってくれば$v$は小さいはずなので，何らかの方法で$v$が0になるように$u$を少しずつ変化させていけば，最終的に実際の固有状態を得ることができるはずである．このような問題の解法としては共役こう配法と呼ばれる手法が良いことが知られている．最近の計算では，更に改良が加えられているが，基本的には以下のような手続きに従って計算を行う[50]〜[52]．

(1) 与えられた固有ベクトルの候補u_iに対し，今回のエラー$v_i = (\mathcal{H} - \varepsilon_i)u_i$を求める（ただし，$\varepsilon_i = u^\dagger \mathcal{H} u$）．

(2) 前回のエラーと今回のエラーから，共役方向$v'_i = v_i + v'_{i-1}$を求める．

(3) $u' = \lambda_i^1 u_i + \lambda_i^2 v'_i$として$\varepsilon' = u'^\dagger \mathcal{H} u'$を最小とする$\lambda_i^1$, λ_i^2を求め，それに対応するu'をu_{i+1}とし，(1) に戻る．

という手順で$v = 0$となるuを探していく．最低の固有値をもつ固有状態が求

まったら，次はその固有状態に直交する空間で次に低い固有値を求める，というようにして，固有状態と固有値を下から順に必要なだけ求める．現在では，この共役こう配法を使って電子状態の計算を加速して各原子配置で最安定な電子状態を求め，その結果をもとにイオンに加わる力を計算して，分子動力学を行っていることが多い．

付録 A：Hohenberg-Kohn の定理

Hohenberg-Kohn の定理が主張することは，「系の全電子密度 $\rho(r)$ を決定すれば，波動関数 Ψ も含めた系の基底状態の電子的性質がすべて決定される」ということである．この定理の証明には背理法を用いる．まず N 電子系の縮退していない基底状態を考え，このときの電子密度を $\rho(r)$ とする．またこの電子密度 $\rho(r)$ を与える二つの外部ポテンシャル $v(r)$ と $v'(r)$ が存在したとしよう．このとき，それぞれのハミルトニアンに対応する電子系のエネルギーの最小値は，ハミルトニアン $\mathcal{H}$ に対して

$$E_0 = \langle \Psi | \mathcal{H} | \Psi \rangle \tag{A.1}$$

一方，ハミルトニアン $\mathcal{H}'$ に対して

$$E_0' = \langle \Psi' | \mathcal{H}' | \Psi' \rangle \tag{A.2}$$

のように与えられる．一方，$\mathcal{H}$ に対して Ψ'，$\mathcal{H}'$ に対して Ψ は電子系のエネルギーの最小値を与えないので，

$$E_0 < \langle \Psi' | \mathcal{H} | \Psi' \rangle = \langle \Psi' | \mathcal{H}' | \Psi' \rangle + \langle \Psi' | \mathcal{H} - \mathcal{H}' | \Psi' \rangle$$
$$= E_0' + \int \rho(r) [v(r) - v'(r)] dr \tag{A.3}$$

$$E_0' < \langle \Psi | \mathcal{H}' | \Psi \rangle = \langle \Psi | \mathcal{H} | \Psi \rangle + \langle \Psi | \mathcal{H}' - \mathcal{H} | \Psi \rangle$$
$$= E_0 + \int \rho(r) [v'(r) - v(r)] dr \tag{A.4}$$

式 (A.3) 及び (A.4) の両辺を加えると，$E_0 + E_0' < E_0' + E_0$ となり矛盾である．よって，同じ基底状態 $\rho(r)$ を与える外部ポテンシャル，あるいはハミルトニアンは一意的に定まる．

以上で Hohenberg-Kohn の定理が証明された．

付録 B：波数の和の積分への変換

波数kについての和は積分に置き換えることができることが知られている．まずはスピン自由度を考えずに一次元の場合について考えてみよう．系の一次元方向のサイズをL_xとする．このときの関数$f(k_x)$のk_xについての和は，

$$\frac{1}{L_x}\sum_{k_x}f(k_x) = \frac{1}{L_x}\sum_{i}f\left(\frac{2\pi i}{L_x}\right) \tag{B.1}$$

のように与えられる（これは波動k_xが$k_n=(2\pi/L_x)i$と与えられるからである）．一方

$$\int f(k_x)dk_x = \lim_{L_x\to\infty}\frac{2\pi}{L_x}\sum_{i}f\left(\frac{2\pi i}{L_x}\right) \tag{B.2}$$

であるので

$$\frac{1}{L_x}\sum_{k_x}f(k_x) = \frac{1}{2\pi}\int f(k_x)dk_x \tag{B.3}$$

のようにk_xについての和はk_xに対する積分に置き換えることができる．

これを三次元ベクトル$\boldsymbol{k}=(k_x,k_y,k_z)$の和にすると，

$$\frac{1}{L_xL_yL_z}\sum_{k_x}f(k_x,k_y,k_z) = \frac{1}{(2\pi)^3}\int f(k_x,k_y,k_z)dk_xdk_ydk_z$$

あるいは

$$\frac{1}{V}\sum_{\boldsymbol{k}}f(\boldsymbol{k}) = \frac{1}{(2\pi)^3}\int f(\boldsymbol{k})d\boldsymbol{k} \tag{B.4}$$

が成立する．よって，波数$\boldsymbol{k}$とスピン自由度σについて和をとることは，

$$\frac{1}{V}\sum_{\boldsymbol{k}}\sum_{\sigma}f(\boldsymbol{k}) = \frac{1}{4\pi^3}\int f(\boldsymbol{k})d\boldsymbol{k} \tag{B.5}$$

のようになる．よって一般に，波数$\boldsymbol{k}$とスピン自由度σについて和は次のように積分に置き換えられる．

$$\frac{1}{V}\sum_{\boldsymbol{k}}\sum_{\sigma} \Rightarrow \frac{1}{4\pi^3}\int d\boldsymbol{k} \tag{B.6}$$

参 考 文 献

[1] M. P. Tosi and F. G. Fumi, "Ionic sizes and born repulsive parameters in the NaCl-type alkali halides—II", J. Phys. Chem. Solid, vol. 25, pp. 45-52, 1964.

[2] Hand book of Interatomic Potentials I Ionic Crystals, A. M. Stoneham, AERE R-9598, 1981.

[3] M. S. Daw and M. I. Baskes, "Embedded-atom method: Derivation and application to impurities, surfaces, and other defects in metals," Phys. Rev. B, vol. 29, pp.6443-6453, 1984.

[4] K. W. Jacobsen, J. K. Norskov and M. J. Puska, "Interatomic interactions in the effective-medium theory ," Phys. Rev. B, vol. 35, pp.7423-7442, 1987.

[5] M. I. Baskes, "Modified embedded-atom potentials for cubic materials and impurities," Phys. Rev. B, vol. 46, pp.2727-2742, 1992.

[6] P. N. Keating, "Effect of invariance requirements on the elastic strain energy of crystals with application to the diamond structure," Phys. Rev., vol. 145, pp.637-944, 1966.

[7] R. M. Martin, "Elastic properties of ZnS structure semiconductors," Phys. Rev. B, vol. 1, pp.4005-4011, 1970.

[8] E. M. Pearson, T. Takai, T. Halicioglu and W. A. Tiller, "Computer modeling of Si and SiC surface processes relevant to crystal growth from vapor," J. Cryst. Growth, vol. 70, pp. 33-40 1984.

[9] F. H. Stillinger and T. A. Weber, "Computer simulation of local order in condensed phases of silicon," Phys. Rev. B, vol. 31, pp.5262-5271, 1985.

[10] G. C. Abell, "Empirical chemical pseudopotential theory of molecular and metallic bonding," Phys. Rev. B, vol. 31, pp.6184-6196, 1985.

[11] J. Tersoff, "Modeling solid-state chemistry: Interatomic potentials for multicomponent systems," Phys. Rev. B, vol. 39, pp.5566-5568, 1989.

[12] P. C. Kelires and J. Tersoff, "Equilibrium alloy properties by direct simulation: Oscillatory segregation at the Si-Ge(100) 2×1 surface," Phys. Rev. Lett., vol. 63, pp.1164-1167, 1989.

[13] E. Blaisten-Baroja and D. Levesque, "Molecular-dynamics simulation of silicon clusters," Phys. Rev. B, vol. 34, pp.3910-3916, 1986.

[14] B. P. Feuston, R. K. Kalia and P. Vashishta, "Fragmentation of silicon microclusters: A molecular-dynamics study," Phys. Rev. B, vol. 35, pp.6222-6239, 1987.

[15] J. R. Chelikowsky and J. C. Phillips, "Surface and thermodynamic interatomic force fields for silicon clusters and bulk phases," Phys. Rev. B, vol. 41, pp.5735-5745, 1990.

[16] W. Andreoni and G. Pastore, "Transferability of bulk empirical potentials to silicon microclusters: A critical study," Phys. Rev. B, vol. 41, pp.10243-10246, 1990.

[17] B. C. Bolding and H. C. Andersen, "Interatomic potential for silicon clusters, crystals, and surfaces," Phys. Rev. B, vol. 41, pp.10568-10585, 1990.

[18] X. G. Gong, "Empirical-potential studies on the structural properties of small silicon clusters," Phys. Rev. B, vol. 47, pp.2329-2332, 1993.

[19] K. E. Khor and S. Das Sarma, "Model-potential-based simulation of Si(100) surface reconstruction," Phys. Rev. B, vol. 36, pp.7733-7736, 1987.

[20] X. P. Li, G. Chen, P. B. Allen and J. Q. Broughton, "Energy and vibrational spectrum of the Si(111) (7×7) surface from empirical potentials," Phys. Rev. B, vol. 38, pp.3331-3341, 1988.

[21] H. Balamane, T. Halicioglu and W. A. Tiller, "Vacancy- and adatom-induced $sqrt\ 3 \times sqrt\ 3$ reconstructions of the Si(111) surface," Phys. Rev. B, vol. 40, pp.9999-10001, 1989.

[22] A.D. Mistriotis, G.E. Froudakis, P. Vendras and N. Flytzanis, "Model potential for silicon cluster and surfaces," Phys. Rev. B, vol. 47, pp.10648-10653 1993.

[23] C. Roland and G. H. Gilmer, "Epitaxy on surfaces vicinal to Si(001). I. Diffusion of silicon adatoms over the terraces," Phys. Rev. B, vol. 46, pp.13428-13436, 1992; "Epitaxy on surfaces vicinal to Si(001). II. Growth properties of Si(001) steps," Phys. Rev. B, vol. 46, pp.13437-13451, 1992; "Growth of germanium films on Si(001) substrates," Phys. Rev. B, vol. 47, pp.16286-16298, 1993.

[24] D. Srivastava and B. J. Garrison, "Adsorption and diffusion dynamics of a Ge adatom on the Si(100)-(2 × 1) surface," Phys. Rev. B, vol. 46, pp.1472-1479, 1992; "Si-adatom dynamics and mechanisms of the epitaxial growth on a single-height-stepped Si(001) surface," Phys. Rev. B, vol. 47, pp.4464-4474, 1993.

[25] H. Balamane, T. Halicioglu and W. A. Tiller, "Comparative study of silicon empirical interatomic potentials," Phys. Rev. B, vol. 46, pp.2250-2279, 1992.

[26] K. E. Khor and S. D. Sarma, "Proposed universal interatomic potential for elemental tetrahedrally bonded semiconductors," Phys. Rev. B, vol. 38, pp.3318-3322, 1988.

[27] T. Ito, K. E. Khor and S. Das Sarma, "Surface structure and long-range order of the Ge(111)-$c(2 \times 8)$ reconstruction," Phys. Rev. B, vol. 40, pp.9715-9720, 1989; " Systematic approach to developing empirical potentials for compound semiconductors," Phys. Rev. B, vol. 41, pp.3893-3896, 1991.

[28] T. Ito, "A theoretical investigation of the metastability of epitaxial zinc-blend CdSe on (100) zinc-blend substrate," Jpn. J. Appl. Phys., vol. 30, pp. L1349-L1351, 1991; "A theoretical investigation of the metastability of epitaxial a-Sn on a (100) zinc blend substrate," Jpn. J. Appl. Phys., vol. 31, pp. L920-L923, 1992; "A theoretical investigation of the metastability of Al on a (100) zind blend substrate," Jpn. J. Appl. Phys., vol. 32, pp. L379-L382, 1993; "A theoretical investigation of the epitaxial relationship of Al/AlAs (001)," Jpn. J. Appl. Phys., vol. 35, pp. 3376-3377, 1996; "A theoretical investigation of the epitaxial relationship of NiAl/AlAs," Jpn. J. Appl. Phys., vol. 36, pp. L1035-L1037, 1996.

[29] T. Ito, " Recent progress in computer-aided materials design for compound semiconductors," J. Appl. Phys., vol. 77, pp.4845-4886, 1995.

[30] B. J. Alder and T. E. Wainwright, "Phase transition for hard sphere systems," J. Chem. Phys., vol. 27, pp.1208-1209, 1957; "Studies in molecular dynamics, I. General method," J. Chem. Phys., vol. 31, pp. 459-466, 1959.

[31] A. Rahman, "Correlations in the motion of atoms in liquid argon," Phys. Rev., vol. 136, pp.A405-A411, 1964.

[32] 例えば, F. F. Abraham, "Computational statistical mechanics," Adv. Phys., vol. 35, pp. 1-111, 1986.

[33] N. Metropolis, A. W. Rosenbluth, M. N. Rosenbluth, A. H. Teller and E. Teller, "Equation of state calculations by fast computing machines," J. Chem. Phys., vol. 21, pp. 1087-1092, 1953.

[34] ランダウ, リフシッツ, 量子力学, 佐々木健, 好村滋洋, 井上健男 訳, 東京図書, 東京, 1970.

[35] キッテル, 固体物理学入門, 宇野良清, 津屋 昇, 森田 章, 山下次郎 共訳, 丸善, 東京, 1988.

[36] 藤永 茂, 分子軌道法, 岩波書店, 東京, 1990.

[37] P. Hohenberg and W. Kohn, "Inhomogeneous electron gas," Phys. Rev., vol. 136, pp. B864-B871, 1964.

[38] W. Kohn and L. J. Sham, "Self-consistent equations including exchange and correlation effects," Phys. Rev., vol. 140, pp.A1133-A1138, 1965.
[39] D. M. Ceperley and B. J. Alder, "Ground state of the electron gas by a stochastic method," Phys. Rev . Lett., vol. 45, pp.566-569, 1980.
[40] J. P. Perdew and A. Zunger, "Self-interaction correction to density-functional approximations for many-electron systems," Phys. Rev. B, vol. 23, pp.5048-5079, 1981.
[41] 藤原毅夫, 固体電子構造－物質設計の基礎－, 朝倉書店, 東京, 1999.
[42] R. G. パール, W. ヤング, 原子・分子の密度汎関数法, 狩野 覚, 関元, 吉田元二 監訳, シュプリンガーフェアラーク東京, 東京, 1996.
[43] J. P. Perdew and Y. Wang, "Accurate and simple analytic representation of the electron-gas correlation energy," Phys. Rev. B, vol. 45, pp.13244-13249, 1992.
[44] J. Ihm, A. Zunger, M.L. Cohen, "Momentum-space formalism for the total energy of solids," J. Phys. C, vol. 12, pp. 4409-4422, 1979.
[45] D. R. Hamman, M. Schluter and C. Chiang, "Norm-conserving pseudopotentials," Phys. Rev. Lett., vol. 43, pp. 1494-1497, 1979.
[46] G. B. Bachelet, D. R. Hamann and M. Schluter, "Pseudopotentials that work: From H to Pu," Phys. Rev. B, vol. 26, pp. 4199-4228, 1982.
[47] N. Troullier and J. L. Martins, "Efficient pseudopotentials for plane-wave calculations," Phys. Rev. B, vol. 43, pp.1993-2006, 1991.
[48] D. Vanderbilt, "Soft self-consistent pseudopotentials in a generalized eigenvalue formalism," Phys. Rev. B, vol. 41, pp.7892-7895, 1990.
[49] R. Car and M. Parrinello, "Unified approach for molecular dynamics and density-functional theory," Phys. Rev. Lett., vol. 55, pp. 2471-2474, 1985.
[50] M. P. Teter, M. C. Payne and D. C. Allan, "Solution of Schrodinger's equation for large systems," Phys. Rev. B, vol. 40, pp. 12255-12263, 1989.
[51] D. M. Bylander, L. Kleinman and S. Lee, "Self-consistent calculations of the energy bands and bonding properties of B_3C_{12}," Phys. Rev. B, vol. 42, pp. 1394-1403, 1990.
[52] O. Sugino and A. Oshiyama, "Vacancy in Si: Successful description within the local-density approximation," Phys. Rev. Lett., vol. 68, pp. 1858-1861, 1992.

第 3 章

計算科学によって得られる物質の基本的諸性質

3.1 構造安定性

固体の結晶構造の安定性についての研究は1980年代に急速な進歩を遂げた．これは，ダイヤモンドアンビル技術の長足の進歩によっている．この方法によれば，新しい高圧相の可能性を秘めた圧力領域（室温で1,000 kbar）程度まで加圧することが可能である[1], [2]．同時期に，理論面でも非経験的擬ポテンシャル法に代表される第一原理計算が，コーン・シャム（Kohn-Sham）局所密度汎関数の厳密な導入により，Si, Geにおける高圧相並びに各結晶構造間の相対的安定性を正しく予測することに成功している[3]～[5]．これは，全エネルギーのわずか1％にすぎない非常に小さなエネルギー差を扱った，第一原理計算による最初の成功例である．

バルク状態での圧力誘起構造相転移は，第一原理計算あるいは経験的原子間ポテンシャルにとって，信頼性確認のための一つの良い尺度を与える．これは，相転移圧力あるいは容積不連続などに関する多くの実験結果が存在するため，計算結果を様々な材料の実験結果と比較することが可能であるということ，更に圧力相安定性においては，0Kでの議論で十分であるという事実にも関係している．すなわち構造安定性は，温度Tの効果は無視して，圧力Pと容積Vの二つの熱力学パラメータだけで議論することが可能である．圧力と容積の関数として，単純金属[6]～[11]，半金属[12]～[15]，元素半導

体[16]～[18],その他[19]～[21],多くの材料のバルク状態での構造安定性について計算が行われてきた．

本節では,半導体を中心に,バルク状態での構造安定性の第一原理計算,経験的原子間ポテンシャルによる解析を示す．具体的には様々な結晶構造に関するエネルギー・容積関係,せん亜鉛鉱構造とウルツ鉱構造の安定性,ヘテロ構造安定性をあげて,第一原理計算と経験的計算の相補性,適用限界についても紹介する[22].

3.1.1 エネルギー・容積関係（経験的原子間ポテンシャルによる解析）

エネルギー・容積関係の計算は,物質の安定構造を理解するうえでの基礎となるものである．そこでは,様々な構造を仮定して容積の関数としてエネルギー計算が行われる．このときのエネルギーは,第一原理計算では全エネルギー,経験的原子間ポテンシャルを用いた場合には凝集エネルギーに対応する．この項では経験的原子間ポテンシャルに基づいたⅢ-Ⅴ族化合物半導体についてのエネルギー・容積関係を例としてあげる[23].　GaAsについての計算結果を図3.1に示す．ここで,Ga-As原子間ポテンシャルとしては,2.1.3項の式（2.22）と表2.1に示したパラメータ値が用いられている．更にこの計算においては,Ga-Ga,As-As対の原子間ポテンシャルも採用している．こ

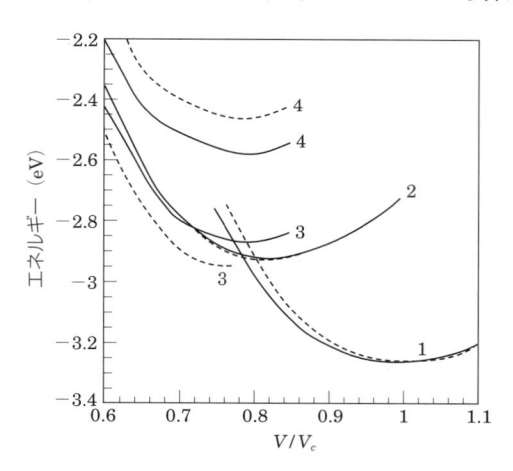

図3.1　GaAsにおけるエネルギー・容積関係．
(1) せん亜鉛鉱構造, (2) 岩塩構造, (3) 白色スズ構造, (4) 塩化セシウム構造.
実線は第一原理計算,破線は経験的原子間ポテンシャルによる計算結果である

れらのポテンシャルパラメータは，凝集エネルギー並びに体積弾性率の実験値（Asについては単純立方構造，AlとGaについてはfcc構造），第一原理計算から得られた相対的安定性を用いて決定された．

第一原理計算結果（実線）と経験的原子間ポテンシャルによる結果（破線）を比較すると，定性的に一致していることが理解される．しかしながら，安定構造の序列並びに相転移容積の不一致も認められ，定量的な一致は不十分である．これは，基本データの不足のために，カチオン間の相互作用すなわちGa-Ga対に関する原子間ポテンシャルが，最適化されていないことによっている[23]．したがって，化合物半導体のように複数の種類の原子から構成される材料において，バルク状態の構造安定性を定量的に議論するためには，Ga，Inなどのカチオン及びP，Sbなどのアニオン元素についての様々な構造間のエネルギー差に関する第一原理計算データベースの充実が望まれる．

図3.2（a）は，相転移容積$V/V_0 = 0.73$におけるGaAsの凝集エネルギーの軸比c/a依存性を示したものである．これは，また凝集エネルギーの配位数Z依存性をも示している．軸比c/aの変化に伴って配位数もせん亜鉛鉱構造の$Z = 4$から，β-Sn（I）構造の$Z = 5.9$，β-Sn（II）構造の$Z = 8$へと変化するからである．破線で示した本計算結果は，実線で示された非経験的擬ポテンシャル計算の結果と定性的に一致していることが分かる．図から明らかなよ

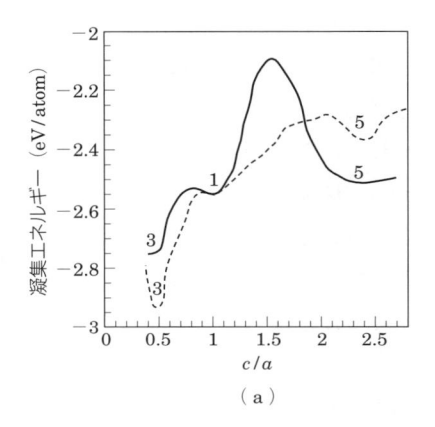

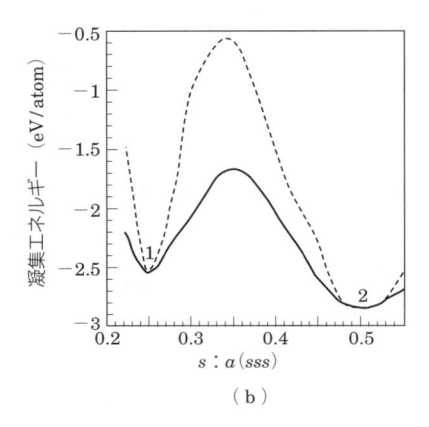

図 **3.2** GaAsにおける凝集エネルギーの（a）軸比 $[c/a]$ 依存性，（b）立方体単位胞の(111)方向でのAs原子位置 $[s:a(sss)]$ 依存性の計算結果．
実線は第一原理計算，破線は経験的原子間ポテンシャルによる計算結果である

うに，三つのエネルギー極小 [β-Sn(I) 構造 (3)，せん亜鉛鉱形 (1)，β-Sn(II) 構造 (5)] が見いだされる．β-Sn(I) 構造におけるその軸比 $c/a = 0.43$ は，非経験的擬ポテンシャル計算により得られた値 $c/a = 0.41$ と良い一致を示している．更に，せん亜鉛鉱構造（$Z = 4$）から岩塩構造（$Z = 6$）への変化に伴うエネルギー変化が，図3.2（b）に示される．これら二つの構造間のエネルギー障壁も，非経験的擬ポテンシャルによる結果と定性的に一致していることが理解される．

これらの結果によれば，経験的原子間ポテンシャル，第一原理計算ともに半導体の構造安定性に対しては，十分に適用可能であると結論づけることができる．しかしながら，定量性においては，経験的原子間ポテンシャルには不十分な点が残っている．これを改善するためには，第一原理計算により得られた構造間の相対的安定性を基準として，カチオン・カチオン，アニオン・アニオン対に関する経験的原子間ポテンシャルの最適化が必要である．

3.1.2　エネルギー・容積関係（第一原理計算による解析）

前項では経験ポテンシャルによって，半導体の構造安定性が十分に議論できることを述べた．この項では第一原理計算によって予測される結晶 Si のエネルギー・容積関係について簡単に紹介する．尹とコーエン（Yin and Cohen）[3]~[5] はノルム保存形擬ポテンシャル法によって結晶 Si の安定構造を計算した．図3.3 に単位胞の体積に対して，各々の Si の結晶構造の全エネルギーをプロットしたものである．この結果から分かるように，常圧ではダイヤモンド構造をとっていた Si が圧力をかけるに従って，構造を変えていくことが分かる．また，ダイヤモンド構造における Si 結晶の格子定数並びに体積弾性率はそれぞれ，5.451 Å，0.98 Mbar（実験値は 5.429 Å，0.99 Mbar）となり，実験と非常に良い一致をすることが分かる．この結果は原子番号だけを入力するだけで，物質の安定構造が予測できることを初めて示した結果で，これ以後の第一原理計算発展のきっかけとなった大きな研究である．この後，第一原理計算はバルクの安定性[4], [5]にとどまらず，特に表面構造や結晶中の欠陥の構造など，多くのものに適用可能であることが明らかとなっている．

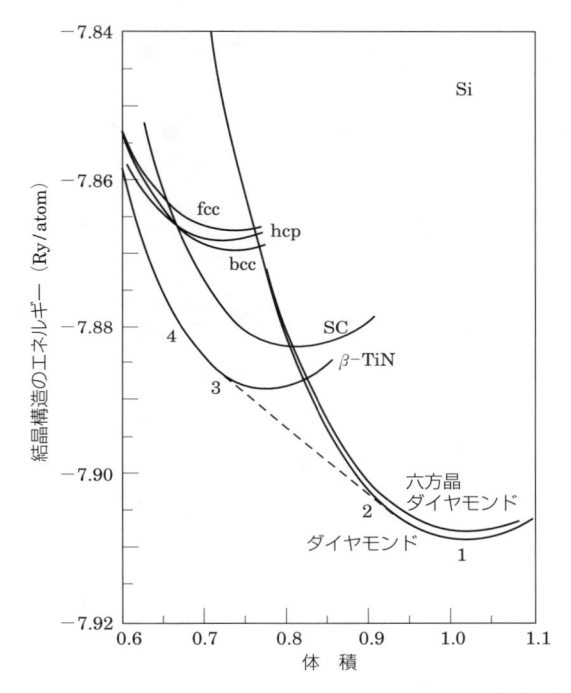

図 3.3 第一原理計算によって得られた Si のエネルギー容積関係

3.1.3 せん亜鉛鉱構造とウルツ鉱構造の安定性

せん亜鉛鉱構造はⅢ-Ⅴ族，Ⅱ-Ⅵ族化合物半導体において一般的な結晶構造である．一方ウルツ鉱構造は，主に GaN を始めとするナイトライド系化合物半導体に見られる結晶構造である．これらの結晶構造を図3.4に示す．両者とも配位数 $Z = 4$ をもち，第二近接原子の範囲内では全く同一の原子配列であることが分かる．前節での計算結果は，配位数が相異なる構造間のエネルギー差を示したものであり，このときのエネルギー差は数百 (meV/atom) 程度であった．しかしながら配位数が同一，第三近接原子以降において初めて構造の違いが現れるというせん亜鉛鉱構造とウルツ鉱構造においては，両者のエネルギー差は数 (meV/atom) 程度でしかない．第一原理計算は，このような微小なエネルギー差までも定量的に評価することを可能にしている[24]．

このエネルギー差を原子間相互作用の立場から考えてみよう[25]．せん亜

(a) ウルツ鉱　　　　(b) せん亜鉛鉱

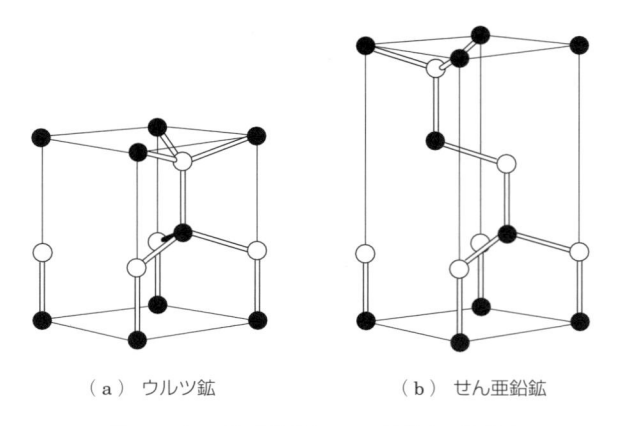

図 3.4　せん亜鉛鉱構造とウルツ鉱構造の模式図

鉛鉱構造の凝集エネルギーを E_{ZB}，ウルツ鉱構造の凝集エネルギーを E_W とすると，

$$E_{ZB} = \frac{1}{2}\sum_{i,j} V_{ij} + \Delta E_{ZB} \tag{3.1}$$

$$E_W = \frac{1}{2}\sum_{i,j} V_{ij} + \Delta E_W \tag{3.2}$$

$$V_{ij} = A\exp\left[-\beta(r_{ij} - R_i)^\gamma\right]\left[\exp(-\theta r_{ij}) - \frac{B_0}{Z_i^\alpha}\exp(-\lambda r_{ij})G(\theta_{jik})\right] \tag{3.3}$$

ここで，V_{ij} は経験的原子間ポテンシャルであり，ボンド変角項 $G(\theta_{jik})$ を通して第二近接原子までの寄与を含んでいる．ΔE_{ZB} と ΔE_W は第三近接原子以降のエネルギー的寄与である．

上式から，せん亜鉛鉱構造とウルツ鉱構造のエネルギー差 ΔE_{W-ZB} は次式で与えられる．

$$\Delta E_{W-ZB} = \Delta E_W - \Delta E_{ZB} \tag{3.4}$$

すなわち，第三近接原子以降の長距離相互作用が重要となる．長距離相互作用の代表的なものとしては，静電相互作用があげられる．詳細は文献[25]を

参考にして頂くとして，$\Delta E_{\text{W-ZB}}$は次式で近似できることが明らかにされている．

$$\Delta E_{\text{W-ZB}} = K \left[\frac{3}{2}(1-f_i)\frac{Z_b^2}{r_{bb}} - f_i \frac{Z_i^2}{r_{ii}} \right], \tag{3.5}$$

ここで，Kは定数，f_iはイオン性，$Z_b = -2$は原子間ボンド電荷，r_{bb}は原子間ボンド電荷の層間距離，$Z_i = 4$（IV族），3（III-V族），2（II-VI族），1（I-VII族）はイオン電荷，r_{ii}はイオン電荷の層間距離である．上式第1項はボンド電荷相互作用による斥力を表し，第2項はイオン電荷相互作用による引力を表している．

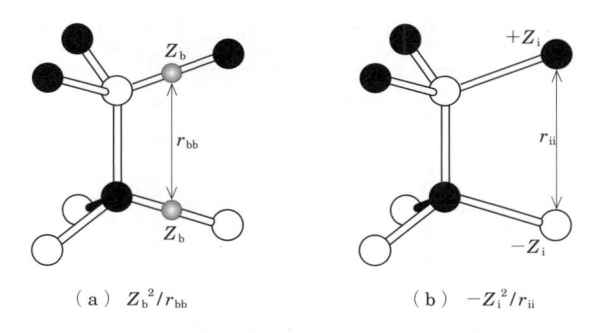

（a） Z_b^2/r_{bb} （b） $-Z_i^2/r_{ii}$

図 3.5 ボンド電荷による層間相互作用とイオン電荷による層間相互作用の模式図．ウルツ鉱構造を例にあげている

図 3.5 はボンド電荷相互作用とイオン電荷相互作用を模式的に示したものである．ボンド電荷どうしの反発はボンドの回転を促し，せん亜鉛鉱構造を安定化する．一方，イオン電荷どうしの引力はウルツ鉱構造を安定化する方向に作用する．これらの競合がイオン性により変化して両者の出現を支配していると考えられる．Cに関する第一原理計算の結果を再現するようにKの値を定めて，式（3.5）により$\Delta E_{\text{W-ZB}}$を計算した結果を第一原理計算結果とともに表 3.1 に示す．第一原理計算と式（3.5）による結果の一致は非常に良く，このような簡単な描像が，せん亜鉛鉱構造とウルツ鉱構造の安定性をたくみに表現していることが理解される．III-V族，II-VI族化合物半導体全般について同様の計算を行い，安定構造を予測した結果を図 3.6 に示す．実験結果との一致も非常に良好である．このように第一原理計算結果を用いれば，

表 3.1

	C	Si	Ge	SiC	BN	AlN	GaN	InN
f_i	0	0	0	0.168	0.143	0.559	0.556	0.649
ΔE_{W-ZB}	25.3	16.6	16.0	9.8	17.1	-4.6	-4.5	-7.8
ΔE^{ab}_{W-ZB}	25.3		15	4.9	27.2	-18.4	-5.5	-11.4

	AlP	AlAs	GaP	GaAs	ZnS	ZnSe	ZnTe	CdS
f_i	0.346	0.407	0.144	0.167	0.464	0.539	0.251	0.518
ΔE_{W-ZB}	4.0	1.7	11.3	10.1	4.8	2.9	9.3	3.2
ΔE^{ab}_{W-ZB}	3.6	5.8	9.2	12	3.1	5.3	6.4	-1.1

(注) ΔE^{ab}_{W-ZB} は第一原理計算による結果. f_i はイオン性である.

III-V	N	P	As	Sb
B	/	ZB ZB	ZB ZB	ZB ZB
Al	W W	ZB ZB	ZB ZB	ZB ZB
Ga	W W	ZB ZB	ZB ZB	ZB ZB
In	W W	ZB ZB	ZB ZB	ZB ZB

II-VI	O	S	Se	Te
Zn	W W	ZB ZB	ZB ZB	ZB ZB
Cd	/	ZB W	ZB ZB	ZB ZB

(注) W:ウルツ鉱 ZB:せん亜鉛鉱

図 3.6 II-VI族,III-V族化合物半導体の結晶構造予測(上段).
下段は観測結果. ZB はせん亜鉛鉱構造,W はウルツ鉱構造を意味する

バルク状態の微妙な構造安定性についても予測できるばかりでなく,その物理的意味の解明,更には原子間相互作用の定式化も可能となることが理解されよう.

3.1.4 ヘテロ構造の安定性

近年のエピタキシャル成長技術の進歩は,従来の半導体・半導体系から金属・半導体系のように結晶構造も電子構造も異なるヘテロ構造の作製を可能にしている.本項では,Al-AlAs系を例にあげ,AlAs(001)面上のAl薄膜の構造安定性について示す[26].このような界面構造安定性を議論する場合には,大規模単位胞が必要となるので,計算時間の制約上,一般に経験的原子間ポテンシャルによる計算が行われることが多い.ここでもAlAs(001)面上のfcc構造Al薄膜に4通りの界面原子配列を仮定して,経験的原子間ポテンシ

第3章 計算科学によって得られる物質の基本的諸性質 77

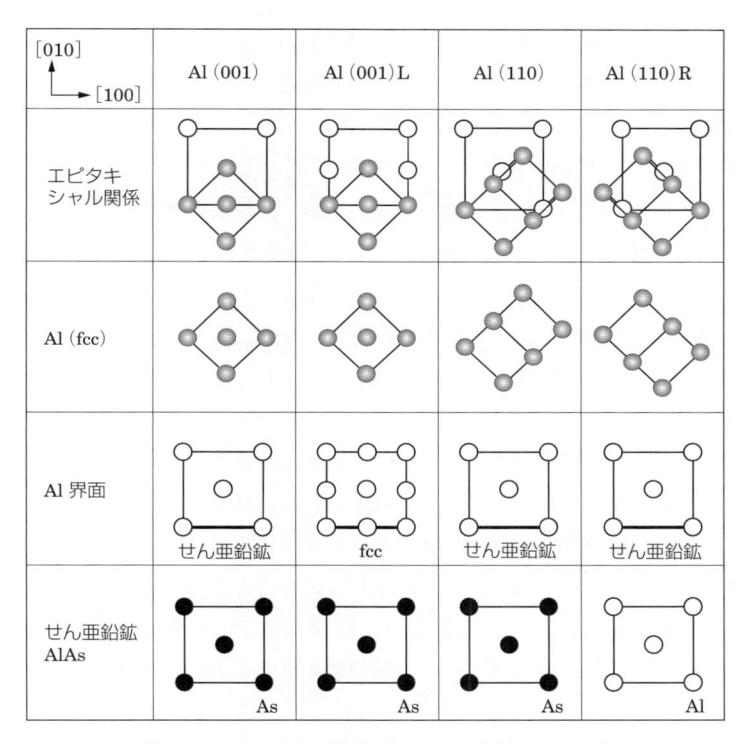

	Al (001)	Al (001)L	Al (110)	Al (110)R
エピタキシャル関係 [010]↑ →[100]				
Al (fcc)				
Al 界面	せん亜鉛鉱	fcc	せん亜鉛鉱	せん亜鉛鉱
せん亜鉛鉱 AlAs	As	As	As	Al

図3.7 Al/AlAs (001) 界面近傍における各層の原子配列

ャルを用いた計算を行った．**図3.7**に，界面近傍における原子配列を模式的に示す．具体的な手順としては，十分大きな単位胞中にこれらの原子配列を設定して，分子動力学法により原子の最安定位置を探ることにより，ヘテロ構造の安定性を検討する．

計算により得られた，界面近傍における各層のエネルギーを**表3.2**に示す．

表 3.2

	層									
	Al	As	Al	As	Al	Al	Al	Al	Al	Al
(001)	−3.780	−3.780	−3.780	−3.778	−3.271	−3.303	−3.389	−3.389	−3.389	−3.389
(001)L	−3.780	−3.780	−3.779	−3.765	−3.148	−3.237	−3.362	−3.386	−3.389	−3.388
(110)	−3.780	−3.780	−3.778	−3.755	−3.244	−3.211	−3.315	−3.342	−3.343	−3.343
(110)R	−3.780	−3.780	−3.780	−3.777	−3.308	−3.002	−3.208	−3.314	−3.340	−3.343

この表には，図3.6に示すエピタキシャル関係を仮定して界面を形成したときの，各層における1原子当りの凝集エネルギーが示されている．ここで，これらのうち，エネルギー値の変動が大きい領域（Al-As-Al-Alの4層）を界面領域と考えて，4層の平均エネルギーを界面の安定性を特徴づける界面エネルギーとする．表3.2によれば，それぞれの界面構造における界面エネルギーは，Al(001)，Al(110)，Al(001)L，Al(110)Rの順に高くなっていくが，それらのエネルギー差は最大でも66 meV/atomと小さい値を示している．すなわちAl(001)が最も安定であるが，特にエネルギー差がわずか36 meV/atomだけのAl(110)も，AlAs(001)上に出現する可能性があることが理解される．

　このような計算は，別の種類の原子層を挿入するような場合にも容易に拡張される．**表3.3**は，In単原子層を界面に挿入したときの計算結果を示したものである．この結果によれば，In単原子層の挿入が界面近傍のエネルギーを低下させて，Al(001)を著しく安定化させることが分かる．これらの結果は，実験結果と定性的に一致しており，任意のヘテロ構造の安定性，界面での原子層挿入の効果などを簡便かつ系統的に調べるのに，計算科学が十分に有用であることを示唆していると考えられる．ここでは，経験的計算手法の簡単な適用例を示したが，大規模単位胞を必要としない場合には，第一原理計算も適用可能である．最近の例としては，InAs(110)/GaAs(110)界面構造の第一原理計算が行われ，特異な界面転位構造の存在を予測している[27]．今後，計算機の発展とともに，第一原理計算の適用範囲も大きく広がってくると考えられる．

　原子は，界面においてもほぼ均一に存在している．このためにヘテロ構造をバルク状態の一つとして位置づけて，経験的計算手法の有用性を示してきた．ここで，界面まで進んできたので，次は表面はどうであろうかという疑

表 3.3

	層									
	Al	As	Al	As	In	Al	Al	Al	Al	Al
(001)	-3.780	-3.780	-3.780	-3.343	-2.711	-3.184	-3.389	-3.389	-3.389	-3.389
(110)	-3.780	-3.779	-3.764	-3.342	-2.469	-3.018	-3.280	-3.338	-3.342	-3.341

状　態	経験的	第一原理
バルク		
表面		

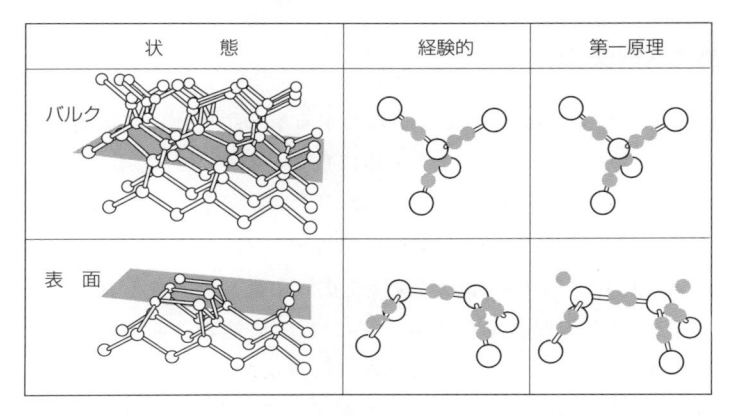

図3.8 経験的原子間ポテンシャル，第一原理計算から見たバルク状態と表面状態．アミかけの●は電子を意味する

問が出てくるかもしれない．**図3.8**は，経験的原子間ポテンシャルと第一原理計算の立場から，半導体におけるバルク状態と表面状態の違いを模式的に示したものである．経験的原子間ポテンシャルにおいては，その表式から周囲の電子は原子間に均等に配置されるということが前提である．例えばSiを考えると，バルク状態では周囲に4個の原子が存在するので，電子はこれらの原子間に2個ずつ均等に存在する．これは第一原理計算においても同様である．一方Si(001)表面を考えると表面Si原子がもつ4個の電子は，2個の下層Si原子と表面Si原子どうしのダイマーボンドに均等に分配されてしまう．この場合に欠けているのが，ダングリングボンドの存在である．ダングリングボンド中の電子は，様々な表面現象を規定することはよく知られている．第一原理計算では自動的に考慮されるダングリングボンドの存在が，経験的原子間ポテンシャルにおいては欠けている．このことから通常の経験的原子間ポテンシャルだけでは，表面を扱うことができないことが理解されよう．表面現象においては，第一原理計算が特に重要な役割を果たす．また経験的原子間ポテンシャルにおいても，ダングリングボンドの寄与を考慮することができれば，表面現象へのある程度の適用は可能である．このあたりの状況は，本章の末尾及び第4章において詳細に示される．

3.2 熱力学的安定性

Si，Ge，GaP，GaAs，AlAsを始めとする単一半導体は，広範な電子デバイス並びに光電子デバイス応用のために重要な材料として用いられてきた．しかしながら，単一半導体だけでは，数が限られるために，バンドギャップ，移動度あるいは格子定数といった材料特性の広範な制御は不可能であった．デバイス応用に対する半導体の可能性を広げるために，AとBからなる半導体合金系における混晶A_xB_{1-x}を考えることは自然な選択である．例えば，GaAsとInAsを混合させた$Ga_xIn_{1-x}As$は，GaAsに近いバンドギャップとInAsに近い電子移動度のために，高速電子トランジスタに用いられてきた．更に，多重量子井戸あるいは超格子構造は，混晶半導体の工業的な重要性を高めてきた．

異なる原子種が混ざり合うことによるエネルギー差として定義される過剰エネルギーは，混晶半導体の熱力学安定性を支配する重要な因子である．この過剰エネルギー計算においては，1980年代半ばから第一原理計算と経験的計算双方で多くの研究が行われている．これと並行して，精度の高い自由エネルギー理論への試みが，混合エントロピー項の評価を通して着実に行われてきた．混合エントロピーについては，クラスター変分法（CVM）が一般的に用いられてきた[28]．CVMは，物理的な厳密さと数値計算への適用性を併せもち，自由エネルギー式の中に多くの原子間の長距離相関を取り入れることを可能とするものである．一般に，平衡状態図の理論予測は，第一原理計算あるいは経験的原子間ポテンシャルによる過剰エネルギー計算とCVMあるいはモンテカルロ法計算により行われる．本節においては，経験的原子間ポテンシャルとCVMを組み合わせて，Ⅲ-Ⅴ化合物混晶半導体を扱った例を中心に紹介する．

3.2.1 過剰エネルギー

大半の混晶半導体は，MBE成長やMOCVD成長技術を用いて作製されるが，その際，クラスタリングやオーダリングを含む混和性の問題は，所望の原子配列ひいては物性をもつ混晶半導体作製のために重要である．この混和性を規定する過剰エネルギーは，一般に溶解度曲線の解析から決定される．

しかしながら，溶解度曲線の実験的決定に際しては，多くの曖昧さが残されている．過剰エネルギーに対する理論的アプローチは，この曖昧さを改善する上でも非常に重要である．過剰エネルギー計算については，多くの微視的な立場からの半経験的，非経験的アプローチが試みられてきた．ストリングフェロー（Stringfellow）は，DLP（delta lattice parameter）モデルを提案し，結合エネルギーが$a^{-2.5}$（a：格子定数）に比例するという簡便なモデルにもかかわらず，混晶半導体の過剰エネルギーを定量的に予測することに成功した[29]．しかしながら，このモデルは，混晶半導体中のボンド長がすべて等しいことを仮定したものであり，後に見いだされたミケルソンとボイス（Mikkelsen and Boyce）による実験結果と矛盾するという問題を抱えている[30]．

相異なるボンド長の共存という事実を考慮した，混晶半導体の過剰エネルギー計算は，ひずみエネルギーを過剰エネルギーと考えることで，まずVFF（valence force field；価電子力場）モデルによりIII-V族化合物混晶半導体を対象に行われた[31], [32]．しかしながら，VFFモデルは正四面体配位からの微小な変位においてのみ有効な方法であり，結晶構造が異なる系，原子価が異なる系に適用することは不可能である．したがって，様々な混晶半導体における過剰エネルギーを系統的に調べるためには，第一原理計算あるいは経験的原子間ポテンシャルに基づくアプローチが重要である．

混晶半導体の簡単な例として，AB混晶半導体の構造を**図3.9**に示す単原子層超格子で近似的に置き換えてみよう．これは，組成$x = 0.5$における過剰エネルギー$\Delta E(0.5)$に対応し，次式で与えられる．

$$\Delta E(0.5) = E_{ABC}(0.5) - \frac{1}{2}(E_{AC} + E_{BC}) \tag{3.6}$$

ここで，$E_{ABC}(0.5)$は図3.9の混晶半導体の，E_{AC}，E_{BC}は構成半導体の全エネルギーあるいは凝集エネルギーである．計算においては，格子定数と原子変位をパ

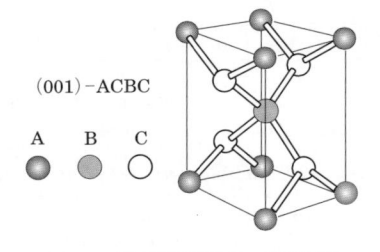

図**3.9** 単原子層超格子の原子配列

ラメータとして構造最適化を行いE_{ABC} (0.5) を求める．III-V族化合物半導体混晶に関する過剰エネルギーの第一原理計算結果，経験的原子間ポテンシャルによる計算結果を**表3.4**に示す．これらの計算結果は実験結果とよく一致しており，単位胞を大きくすることにより，様々な組成に対応する過剰エネルギーを定量的に予測することが可能である．

過剰エネルギーはまた，バルク状態における規則構造の熱力学的安定性を規定する．表3.4の結果は，過剰エネルギーが正の値をもつことを示している．これは，図3.9に対応する単原子層超格子構造は，熱力学的に不安定であることを意味する．CuPt，CuAu-I，Ni_3V，Cu_3Au構造などの規則構造も，バルク状態では熱力学的に不安定であることが見いだされている．これらの結果

表 3.4 (001) 方位の化合物半導体超格子の過剰エネルギー

超格子	$(AlAs)_1(GaAs)_1$	$(GaAs)_1(InAs)_1$	$(GaP)_1(InP)_1$	$(GaAs)_1(InSb)_1$
$u_{emp}(u_{ab})$	0.251(0.25)	0.262(0.267)	0.263(0.270)	0.264(0.266)
$a_{emp}(a_{av})$	5.658(5.658)	5.840(5.845)	5.660(5.660)	5.881(5.886)
$\Delta E_{emp}(\Delta E_{ex})$	0.01(0.00)	21.95(18.0, 21.7)	32.01(35.2, 37.9)	33.26(43.3, 48.7)
ΔE_{ab}	3.9, 2.7	20.9, 15.0	28.9, 22.8	32.3, 28.8

超格子	$(GaP)_1(AlP)_1$	$(GaSb)_1(AlSb)_1$	$(GaSb)_1(InSb)_1$	$(InP)_1(AlP)_1$
u_{emp}	0.250	0.251	0.263	0.263
$a_{emp}(a_{av})$	5.451(5.451)	6.127(6.127)	6.303(6.304)	5.662(5.660)
$\Delta E_{emp}(\Delta E_{ex})$	0.00	0.02(0.0)	13.03(15.9, 20.6)	31.66

超格子	$(InAs)_1(AlAs)_1$	$(InSb)_1(AlSb)_1$	$(AlP)_1(AlAs)_1$	$(GaP)_1(GaAs)_1$
u_{emp}	0.262	0.261	0.257	0.257
$a_{emp}(a_{av})$	5.842(5.849)	6.306(6.313)	5.558(5.557)	5.551(5.552)
$\Delta E_{emp}(\Delta E_{ex})$	20.93(27.08)	14.79(6.50)	8.26	7.38(4.3, 10.8)

超格子	$(InP)_1(InAs)_1$	$(AlAs)_1(AlSb)_1$	$(InAs)_1(InSb)_1$	$(AlP)_1(AlSb)_1$
u_{emp}	0.257	0.263	0.264	0.267
$a_{emp}(a_{av})$	5.950(5.953)	5.904(5.899)	6.263(6.263)	5.810(5.793)
$\Delta E_{emp}(\Delta E_{ex})$	2.05(4.33)	41.84	21.82(24.4, 31.4)	98.16

超格子	$(GaP)_1(GaSb)_1$	$(InP)_1(InSb)_1$		
u_{emp}	0.268	0.268		
$a_{emp}(a_{av})$	5.778(5.785)	6.170(6.180)		
$\Delta E_{emp}(\Delta E_{ex})$	80.54	50.41		

(注) 平衡格子定数a(Å)，平均格子定数a_{av}(Å)，過剰エネルギーΔE(meV/atom)，平衡構造パラメータuはボンド長$r=a(1/8+u^2)^{1/2}$, $r=a[1/8+(u-1/2)^2]^{1/2}$と関係づけられる．添字emp, ab, exは，それぞれ経験的原子間ポテンシャルに基づく計算結果，非経験的擬ポテンシャル法に基づく計算結果，組成$x=0.5$における不規則混晶の実験結果[29]である．

は，エピタキシャル成長において，しばしば見られる規則構造[33]の成因を説明することはできない．エピタキシャル成長における規則構造の形成を明らかにするためには，第4章に示すようなエピタキシャル成長過程における表面，ステップでの吸着原子の動的振舞いを調べることが不可欠である．

3.2.2 平衡状態図

前項に示した過剰エネルギー計算は，熱力学的安定性への指針を与えるものであるが，混晶半導体作製の立場からは，温度と混晶組成との関係，特に固溶曲線に関する知見を得ることがより重要である．このためには，平衡状態図計算が必要となる．平衡状態図計算においては，以下の二つのアプローチが一般的である．一つは半経験的手法であり，実験的に得られた熱力学データを用いて，正則溶体近似のもとで自由エネルギー G を評価する．G は一般に次式で与えられる．

$$G = \Delta E(x) - T\Delta S \tag{3.7}$$

ここで，$\Delta E(x)$ は過剰エネルギー，T は温度，ΔS は配置のエントロピーである．具体的には次式が，半経験的手法においてよく用いられる．

$$G = \Omega x(1-x) - RT\{x\ln x + (1-x)\ln(1-x)\} \tag{3.8}$$

ここで，Ω は相互作用パラメータであり，実験結果を再現するように定められる．R はガス定数，T は温度，x は組成である．この方法は，経験的なデータを用いるので，結果としての自由エネルギーは一般的に厳密なものである．しかしながら，過剰エネルギーと混合エネルギーとの間の分配に関しては，信頼性の保障はない．この欠点を解消するためのアプローチとして，非経験的な方法がある．そこでは，自由エネルギー表式が，固体物理学と統計熱力学の確固たる基礎の上に構築される．過剰エネルギーを前項の結果から，エントロピー項をクラスター変分法（CVM）からそれぞれ評価して，平衡状態図計算を行うものである．CVMの詳細については，多くの参考文献があるので，そちらを参照されたい[22], [34], [35]．

ここでは複雑な計算手順をいっさい省略して，CVMに基づいて固溶曲線を決定する方法を紹介する．これは実用上極めて有用であると考えられる．一

例としてInN-GaN系を取り上げ，前項で議論した過剰エネルギー$\Delta E(0.5)$を用いて，非混和領域の境界を与えるバイノーダル線を計算する．まずウルツ鉱構造において，1,024個の原子を含む単位胞を設定し，Ga原子とIn原子を乱雑に配置させる．経験的原子間ポテンシャルを用いて，ウルツ鉱構造の二つの格子定数(a, c)と原子変位をパラメータとして，最低の凝集エネルギー$E(0.5)$を求める．この計算結果を式（3.5）に代入すると，In$_{0.5}$Ga$_{0.5}$Nにおける$\Delta E(0.5)$を得ることができる．この結果を次式に示す近似式に代入すれば，簡単にバイノーダル線を予測することが可能である[36]．

$$T = \frac{2\Delta E(0.5)}{R}[-4.6103371x^4 + 9.22073x^3 \\ -7.193803x^2 + 2.583084x + 0.4777] \qquad (3.9)$$

ここで，Tは温度，Rはガス定数，xは組成である．式（3.9）はCVMに基づいて計算したものをパラメータ化したものであり，ウルツ鉱構造とせん亜鉛鉱構造に適用可能である．式（3.9）は，溶解度曲線の非対称性の欠如など，定量的には不十分であるが，溶解度曲線を大ざっぱに見積もるのに適した表式といえよう．InN-GaN系に関する計算結果を図3.10(a)に示す．更にGaN(0001)基板上のInN-GaN系，InN(0001)基板上のInN-GaN系についての計算結果も図3.10(b)，(c)にそれぞれ示す[37]．これらは，過剰エネルギー計算において格子定数aをGaN，InNの値に固定して$\Delta E(0.5)$を求めることにより得られた．これらの結果は，基板による拘束が非混和領域の縮小をもたらすことを示唆している．実験的にもバルク状態よりも薄膜状態のほうが，低温で固溶体を形成するということが知られており，興味深い結果である．

このような平衡状態図計算は，様々な化合物混晶半導体について，非混和領域の妥当な予測を与えてきている．しかしながら，この自由エネルギー表式においては，過剰エネルギーで考慮されている原子変位が，エントロピー項で考慮されていない．大きな原子変位を含む混晶系においては，結晶の対称性は至るところで崩れており，そこでは完全対称格子についてのCVMは，もはや妥当性を欠いてくる．したがって，より定量性を高めるためには，原子変位をも

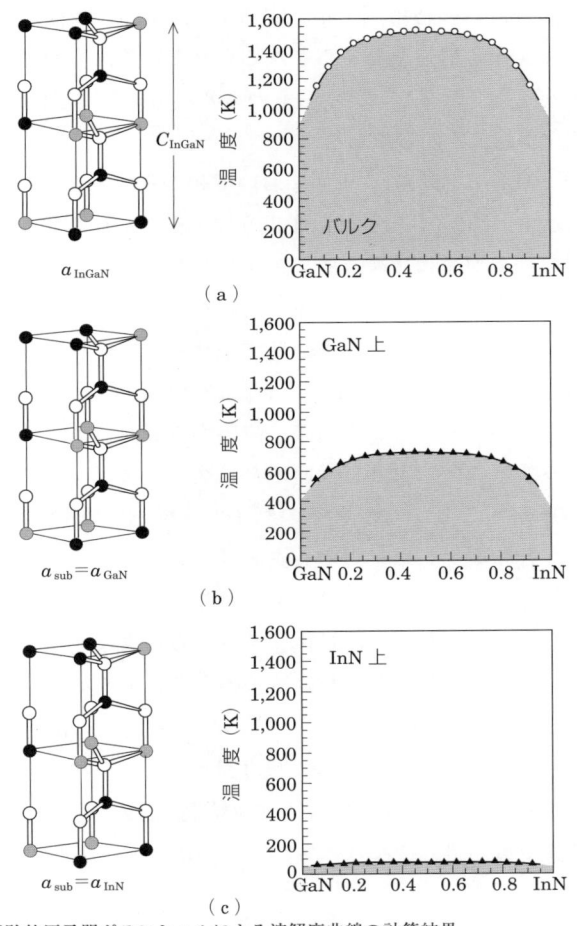

図 3.10 経験的原子間ポテンシャルによる溶解度曲線の計算結果.
(a) InGaN系バルク状態, (b) InGaN/GaN (0001) エピタキシャル状態, (c) InGaN/InN (0001) エピタキシャル状態. アミかけ部分は非混和領域を示す

考慮したエントロピー項の定式化が, 今後の重要な検討課題である.

3.3 表面構造の安定性

3.1.3項において, 表面現象を理解するにはダングリングボンドの寄与を考慮することが重要であることを述べた. 本節ではSi(001) 表面の表面再構成

構造への第一原理計算の応用例を紹介する[38]．結晶の表面構造は結晶の切断面とは大きく異なる構造をとることが知られている．表面に存在するエネルギー的に不安定なダングリングボンドのエネルギーを安定化させるために，大きな構造変化が起こるからである．

図3.11（a），（b）にSi（001）表面において起こるエネルギーの安定化の機構を模式的に示す．図3.11（a）に示すように，Si結晶から切り出した（001）理想表面の再表面の原子は2本のダングリングボンドをもつ．ダングリングボンドは結合をもたないのでエネルギー的に不安定となる．そこで，表面付近の構造をダイヤモンド構造から少しひずませてダングリングボンドどうしの結合を形成してエネルギーの安定化を起こそうとするのである．実際Si（001）表面では，第一原理計算の結果，隣接する表面原子どうしが結合してダイマーを形成することによって表面のダングリングボンドの数を減らすような表面再構成が起こる．しかもそのダイマー構造は非対称になっている〔図3.11（b）〕．経験ポテンシャルでも表面ダイマーの形成は再現することができるが，非対称ダイマーの形成は再現することはできず，対称ダイマー構造が出現してしまう．これは，非対称ダイマーの形成は純粋に電子的な効果によるもので，再現するにはあらわに電子の寄与を扱う第一原理計算の取扱いが必要となるからである．

それでは，どうしてSi（001）表面には非対称ダイマー構造ができるのであろうか．その機構について模式的に表したのが図3.12（a），（b）である．対称ダイマー構造では等価な2本のダングリングボンドが表面に露出している

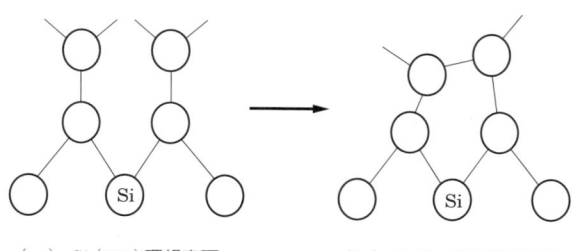

（a）Si（001）理想表面　　　　（b）Si（001）再構成表面

図3.11　Si（001）表面の模式図．
（a）理想表面．（b）再構成表面

(a) 対称ダイマー　　　　　　(b) 非対称ダイマー

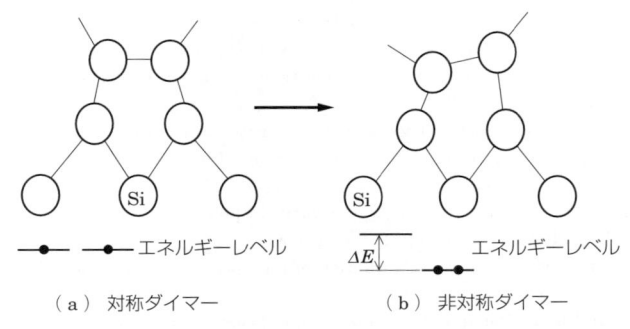

図 3.12　Si (001) 表面において非対称ダイマー構造が安定化する機構の模式図

ので，エネルギー的に縮退した二つのエネルギー準位が存在する．また，各々のダングリングボンドに1個の電子が占有されているので，縮退した2本のエネルギー準位は半占有 (half-filled) の状態になる．非対称ダイマーが形成されると縮退していた2本のエネルギー準位は分裂する．その結果2個の電子はエネルギー的に低いほうのエネルギー準位を完全に占有することになる．このとき，エネルギー準位の分裂の大きさを ΔE とすると，非対称ダイマー構造のほうが電子エネルギー的には ΔE だけ得をすることになる．このように表面における電子の再配列の結果として，非対称ダイマーの電子エネルギーの利得が起こるため，Si (001) 表面では非対称ダイマーが出現することが知られている．実際 Si (001) 表面における非対称ダイマーの出現は走査トンネル顕微鏡などの多くの実験で確認されている[39], [40]．

このほか，第一原理計算によって GaAs (001) 表面，Si (111) へき開面，Ag/Si (111) 表面，水素吸着 Ge/Si (001) 表面など，多くの表面構造が決定され，その正当性は実験によって確かめられている[41]～[44]．このように，現在では第一原理計算は表面構造決定の一つの有力なツールとしての地位を確立するようになっている．

参 考 文 献

[1] A. Jayaraman, "Diamond anvil cell and high-pressure physical investigations," Rev. Mod. Phys., vol. 55, pp. 65-108, 1983.
[2] D. M. Adams and J. V. Martin, "X-ray crystallography at high pressure, 1933-1980: A bibliography," High Temp. High Pressures, vol. 13, pp. 361-385, 1981.

[3] M. T. Yin and M. L. Cohen, "Microscopic theory of the phase transformation and lattice dynamics of Si," Phys. Rev. Lett., vol. 45, pp. 1004-1007, 1980.

[4] M. T. Yin and M. L. Cohen, "Theory of ab initio pseudopotential calculations," Phys. Rev. B, vol. 25, pp.7403-7412, 1982.

[5] M. T. Yin and M. L. Cohen, "Theory of static structural properties, crystal stability, and phase transformations: Application to Si and Ge," Phys. Rev. B, vol. 26, pp.5668-5687, 1982.

[6] A. K. MacMahan and J. A. Moriarty, "Structural phase stability in third-period simple metals," Phys. Rev. B, vol. 27, pp.3235-3251, 1983.

[7] P. K. Lam and M. L. Cohen, "Calculation of high-pressure phases of Al," Phys. Rev. B, vol. 27, pp.5986-5991, 1983.

[8] D. Singh and D. A. Papaconstanpoulos, "Equilibrium properties of zinc," Phys. Rev. B, vol. 42, pp.8885-8889, 1990.

[9] M. Sigalas, N. C. Bacalis and A. C. Switendick, "Total-energy calculations of solid H, Li, Na, K, Rb, and Cs," Phys. Rev. B, vol. 42, pp.11637-11643, 1990.

[10] A. Y. Liu, A. Garcia, M. L. Cohen, B. K. Godwal and R. Jeanloz, "Theory of high-pressure phases of Pb," Phys. Rev. B, vol. 43, pp.1795-1798, 1991.

[11] X. G. Gong, G. L. Chiarotti, M. Parrinello and E. Tosatti, "$Alpha$-gallium: A metallic molecular crystal," Phys. Rev. B, vol. 43, pp.14277-14280, 1991.

[12] K. J. Chang and M. L. Cohen, "Structural stability of phases of black phosphorus," Phys. Rev. B, vol. 33, pp.6177-6186, 1986.

[13] L. F. Mattheis, D. R. Hamann and W. Weber, "Structural calculations for bulk As," Phys. Rev. B, vol. 34, pp.2190-2198, 1986.

[14] T. Sasaki, K. Shindo and K. Niizeki, "High-pressure phases of group-5B elements: arsenic and antimony," Solid State Commun., vol. 67, pp. 569-572, 1988.

[15] K. Shindo, T. Sasaki, and N. Orita, "High pressure phase of arsenic and antimony," J. Phys. Soc. Jpn., vol. 58, pp. 924-929, 1989.

[16] S. Fahy and S. G. Louie, "High-pressure structural and electronic properties of carbon," Phys. Rev. B, vol. 36, pp.3373-3385, 1987.

[17] A. Y. Liu, M. L. Cohen, K. C. Hass and M. A. Tamor, "Structural properties of a three-dimensional all-sp^2 phase of carbon," Phys. Rev. B, vol. 43, pp.6742-6745, 1991.

[18] J. L. Corkill, A. Garcia and M. L. Cohen, "Theoretical study of high-pressure phases of tin," Phys. Rev. B, vol. 43, pp.9251-9254, 1991.

[19] C. Mailhiot, J. B. Grant and A. K. MacMahan, "High-pressure metallic phases of boron," Phys. Rev. B, vol. 42, pp.9033-9039, 1990.

[20] J. M. Wills, O. Eriksson and A. M. Boring, "Theoretical studies of the high pressure phases in cerium," Phys. Rev. Lett., vol. 67, pp.2215-2218, 1991.

[21] L. F. Mattheis, "Calculated structural properties of $CrSi_2$, $MoSi_2$, and WSi_2," Phys. Rev. B, vol. 45, pp.3252-3259, 1992.

[22] T. Ito, "Recent progress in computer-aided materials design for compound semiconductors," J. Appl. Phys., vol. 77, pp.4845-4886, 1995.

[23] T. Ito, K. E. Khor and S. D. Sarma, "Systematic approach to developing empirical potentials for compound semiconductors," Phys. Rev. B, vol. 41, pp.3893-3896, 1991.

[24] C. -Y. Yeh, Z. W. Lu, S. Froyen and A. Zunger, "Zinc-blende-wurtzite polytypism in semiconductors," Phys. Rev. B, vol. 46, 10086-10097, 1992.

[25] T. Ito, "Simple criterion for wurtzite - zinc-blende polytypism in semiconductors," Jpn. J.

Appl. Phys., vol. 37, pp.L1217-L1219, 1998.
[26] T. Ito, "A theoretical investigation of the epitaxial relationship of Al/AlAs(001)," Jpn. J. Appl. Phys., vol. 35, pp. 3376-3377, 1996.
[27] N. Oyama, E. Ohta, K. Takeda, K. Shiraishi and H. Yamaguchi, "First-principles calculations on atomic and electronic structures of misfit dislocations in InAs/GaAs(110) and GaAs/InAs(110) Heteroepitaxies," J. Cryst. Growth, vol. 201/202, pp. 256-259, 1999.
[28] T. Mohri, K. Nakamura and T. Ito, "Global investigation of III-V semiconductor phase diagram by nonempirical method," J. Appl. Phys., vol. 70, pp. 1320-1330, 1991.
[29] G. B. Stringfellow, "Calculation of ternary and quaternary III-V phase diagram," J. Cryst. Growth, vol. 27, pp. 21-34, 1974.
[30] T. Ito, "Comments on the delta lattice parameter model," Jpn. J. Appl. Phys., vol. 26, pp. L1330-L1331, 1987.
[31] J. C. Mikkelsen, Jr., "The atomic-scale origin of the strain enthalpy of mixing in zincblende alloys," J. Electrochem. Soc., vol. 132, pp. 500-505, 1985.
[32] T. Fukui, "Atomic structure model for $Ga_{1-x}In_xAs$ solid solution," J. Appl. Phys., vol. 57, pp. 5188-5191, 1985.
[33] A. Gomyo, T. Suzuki and S. Iijima, "Observation of strong ordering in $Ga_xIn_{1-x}P$ alloy semiconductors," Phys. Rev. Lett., vol. 60, pp.2645-2648, 1988.
[34] J. W. D. Connolly and A. R. Williams, "Density-functional theory applied to phase transformations in transition-metal alloys," Phys. Rev. B, vol. 27, pp.5169-5172, 1983.
[35] D. de Fontaine, "K-space symmetry rules for order-disorder reactions," Acta Metall., vol. 23, pp. 553-571, 1975.
[36] V. A. Elyukhin, E. l. Portnoi, E. A. Avrutin and J. H. Marsh, "Miscibility gap of ternary alloys of binary compounds with zinc-blend and wurtzite structures using cluster variation method," J. Cryst. Growth, vol. 173, pp. 69-72, 1997.
[37] A. Mori, T. Ito, T. Toyama and N. Kasae, "Computational study of InGaN phase separation," Proceedings of the 2nd International Conference on Advanced Materials Development and Performance, pp. 714-717, 1999.
[38] Z. Zhu, N. Shima and M. Tsukada, "Electronic states of Si(100) reconstructed surfaces," Phys. Rev. B, vol. 40, pp.11868-11879, 1989.
[39] R. M. Tromp, R. J. Hamers and J. E. Demuth, "Si(001) dimer structure observed with scanning tunneling microscopy," Phys. Rev. Lett., vol. 55, pp.1303-1306, 1985.
[40] R. M. Tromp, R. J. Hamers and J. E. Demuth, "Scanning tunneling microscopy of Si(001)," Phys. Rev. B, vol. 34, pp.5343-5357, 1986.
[41] K. C. Pandy, "New pi-bonded chain model for Si(111)-(2 × 1) surface," Phys. Rev. Lett., vol. 47, pp.1913-1917, 1981.
[42] J. E. Northrup and S. Froyen, "Structure of GaAs(001) surfaces: The role of electrostatic interactions," Phys. Rev. B, vol. 50, pp.2015-2018, 1994.
[43] H. Aizawa, M. Tsukada and S. Hasegawa, "Asymmetric Structure of the Si(111)-$\sqrt{3} \times \sqrt{3}$-Ag surface," Surf. Sci., vol. 429, pp.L509-L514, 1999.
[44] Y. Kobayashi, K. Sumitomo, K. Shiraishi, T. Urisu and T. Ogino, "Control of surface composition on Ge/Si(001) by atomic hydrogen irradiation," Surf. Sci., vol. 436, pp.9-14, 1999.

第 4 章

ナノエレクトロニクスへの応用

　本章では，ナノエレクトロニクスの基礎となる半導体プロセスに関連した最近の計算科学に基づいた研究について紹介する．ここでは，半導体プロセスにおいて重要な現象である「酸化や結晶成長が原子レベルで見るとどのようになっているか」という難題についてのアプローチを紹介する．これらの研究はナノエレクトロニクスに関連する原子レベル計算に基づいた研究のほんの一部であるが，現状の一端を実感して頂ければ幸いである．

4.1 シリコンの酸化現象と酸化膜の膜質向上への原子レベル計算によるアプローチ

4.1.1 シリコンの酸化現象とは

　シリコンの熱酸化現象はナノエレクトロニクスにおいて最も中心的な技術の一つであるといっても過言ではない．MOSFETを中心とした現在の高集積回路（LSI）はシリコンの熱酸化現象によって作製されている．

　シリコン基板を700℃以上の高温の酸素雰囲気中に置いておくと，表面にシリコン酸化膜が形成される．このように形成される熱酸化膜は，化学的にも電気的にも強い耐性を示すが，それだけでなく，界面は原子レベルで非常に平滑でかつ電気的な界面準位も極めて少ない．そのため，このように形成されたシリコン酸化膜はULSI（超高集積回路）の中心素子であるMOSFETにおいて，その重要な構成要素であるゲート酸化膜として使われており，ま

たその界面付近は電子やホールのチャネルとして用いられる．実際の熱酸化工程は，窒素で希釈した酸素雰囲気だけでなく，オゾンガスや水蒸気を導入する手段によっても行われている．これらの熱酸化工程をそれぞれ，ドライ酸化，ウェット酸化，スチーム酸化と呼ぶ．

このようにシリコンの熱酸化によるシリコン酸化膜の形成は，ナノエレクトロニクスにおいて非常に重要な半導体プロセスであり，その形成過程についても様々な研究がなされている．ここではシリコンの酸化現象と酸化膜の膜質に対する計算科学のアプローチによる研究の一例を紹介する[1]．

4.1.2 マクロスコピックに見たシリコンの酸化現象

シリコンの熱酸化過程は，シリコンと酸化膜の界面において，そこまで拡散した酸化種（酸素分子若しくは水分子）がシリコン基板と反応して新たなシリコン酸化物を形成するという過程から成り立っていると考えられている（**図4.1**）．これは，酸素原子の同位体を使った実験によりほぼ確認されている．このような考え方をもとに，酸化時間と成長したシリコンの酸化膜厚の関係を示す式が，ディールとグローブ（Deal and Grove）によって提案されている[2]．酸化膜厚が増えるのは酸化膜とシリコン基板の界面で酸化種とシリコン基板との反応が起こって新たにシリコン酸化物が形成されるためであるので，時間tにおける酸化膜厚$X(t)$の増加量$dX(t)$は

$$dX(t) = kC_i(t)\frac{1}{N_0}dt \tag{4.1}$$

で与えられる．ここで，時間tにおける界面での酸化種の濃度を$C_i(t)$，界面

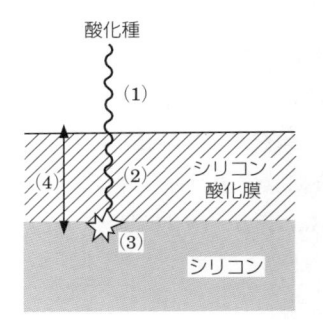

図**4.1** シリコン酸化反応の古典的模式図

(1) 酸化種の酸化膜への侵入
(2) 酸化種の酸化膜中の拡散
(3) 酸化種とシリコンの反応
(4) 酸化物生成による膜厚増加

での酸化反応確率をk，成長後の酸化膜の単位体積に含まれる酸化種の数密度をN_0とした．したがって，この微分方程式を解くためには$C_i(t)$を求める必要がある．酸化種は外部から酸化膜中へ侵入し，酸化膜中を拡散して，界面に到達するので次のような酸化種流の連続の式が成り立ち，この式から$C_i(t)$を求めることができる．

$$h(C^* - C_s(t)) = \frac{D}{X(t)}(C_s(t) - C_i(t)) = kC_i(t) \tag{4.2}$$

右辺は酸化膜表面から酸化膜中に侵入する酸化種の流量，中間辺は酸化膜中を拡散する酸化種の流量，左辺は界面で酸化反応によって消費される酸化種の流量である．ここで，酸化種の流れがない場合に酸化膜中に溶け込む酸化種の平衡濃度をC^*，酸化膜表面の酸化種濃度を$C_s(t)$，気相から酸化膜への物質移動定数をh，酸化膜中の酸素の拡散係数をDとした．これらの式 (4.1) と (4.2) を解くことにより，酸化膜厚の時間依存性を表す式を導くことができる．

$$[X(t)]^2 + AX(t) = B(t - t_0) \tag{4.3}$$

ここで，

$$A = 2D\left(\frac{1}{k} + \frac{1}{h}\right), \quad B = 2DC^*\frac{1}{N_0} \tag{4.4}$$

酸化時間が長く，$X(t) \gg A$，つまり酸化膜厚が厚い場合，式 (4.3) は，

$$[X(t)]^2 \simeq B(t - t_0) \tag{4.5}$$

となり，酸化膜厚の二乗が時間に比例することとなる．ここで，酸化種の界面での反応係数を含むAが含まれないのは，酸化膜中の酸化種の拡散速度が酸化膜の成長を律速しているためであり，係数Bには酸化種の拡散係数しか含まれていない．そこで一般にこの条件を拡散律速条件と呼び，この時間と膜厚の関係を二乗則，Bを二乗則定数と呼ぶ．一方，酸化時間が少なく，$X(t) \ll A$，つまり酸化膜厚が薄い場合，式 (4.3) は

$$X(t) \simeq \frac{B}{A}(t - t_0) \tag{4.6}$$

となり，酸化膜厚は酸化時間と一次の関係にある．ここに現れる B/A は酸化種の拡散係数を含まないが，これは酸化膜とシリコン基板の界面での酸化反応速度が酸化膜の成長を律速しているためである．そこで，一般にこの条件を反応律速条件と呼び，この時間と膜厚の関係を直線則，B/A を直線則定数と呼ぶ（**図4.2**参照）．

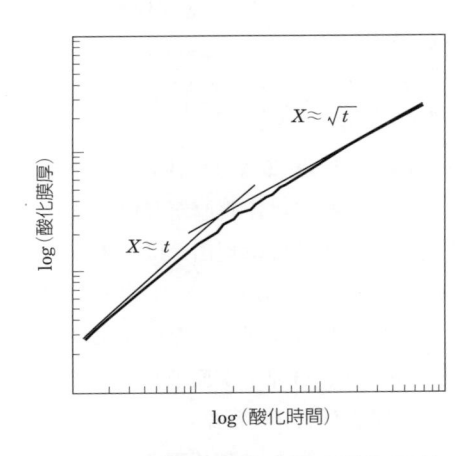

図4.2 酸化時間と成長する酸化膜厚との関係

20 nm程度以上の酸化膜厚の場合，このディール・グルーブ（Deal-Grove）モデルによって，平面状の酸化における酸化時間と酸化膜厚の関係は説明可能である．定数 B/A や B はその温度依存性を

$$F = F_0 \exp\left(-\frac{F_s}{k_B T}\right) \tag{4.7}$$

のような関数形で整理すると見通しが良い（F_s は活性化エネルギー）．B/A の活性化エネルギーは様々な温度や圧力にわたってほぼ一定で，1.60〜2.05 eV程度であり，Si-Si結合を切るのに必要なエネルギー1.83 eVと近い値となっている．一方，拡散の活性化エネルギーは900〜950℃の上下で異なり，また酸化種によっても異なる．低温のほうが高温の場合より活性化エネルギーが高いが，これは酸化膜の粘性流動性の変化によると説明されている．また，ドライ酸化の場合には1.23 eV，ウェット酸化・スチーム酸化の場合には

0.78 eV で，それぞれ SiO$_2$ 中の酸素分子の拡散活性化エネルギー 1.17 eV，水分子の拡散活性化エネルギー 0.80 eV と比較されている [3], [4]．

一方，酸化膜厚が 20 nm 程度以下の場合，酸化膜厚の時間依存性は Deal-Grove モデルでは説明ができない．膜厚が薄い領域では酸化速度が膜厚が厚い場合に比べて極端に大きいのである．この領域ではその代わり，ごく初期の酸化速度を指数関数で表す次のマスード（Massoud）の経験式が比較的広く受け入れられている [5]．

$$\frac{dX(t)}{dt} = \frac{B}{A+2X} + K \exp\left(-\frac{X}{L}\right) \qquad (4.8)$$

ここで，K，L は実験事実に合わせるように決定するパラメータである．この領域の酸化現象を説明するためには，膜厚が薄いところで酸化反応速度が急激に増加する必要があるが，現状では理由がはっきりしていない．このように，酸化膜厚が極端に薄くなってくると，「シリコンの領域が酸化膜に変わる」というようなこれまでのマクロスコピックな酸化現象の理解では不十分になってくる．酸化の際に Si 原子，O 原子が原子レベルでどのような振舞いをするかということに対する理解が不可欠となってくるのである．

4.1.3　原子レベルで見たシリコンの酸化現象

近年，ULSI に使われている MOSFET のゲート酸化膜厚は急速に薄くなっており，研究の最先端のレベルではおよそ 1 nm と原子を数えられるほどの膜厚にまで到達している．このような膜厚の酸化膜を形成する熱酸化の過程は，もはや上に述べたようにマクロスコピックな Deal-Grove モデルで記述できないわけであり，熱酸化過程を制御するためにもその原子レベルでの機構を明らかにする必要が生じている．そこで，シリコンの熱酸化過程についてシュレディンガー方程式に基づいた量子論的な解析が盛んに行われるようになっている．

それではまず，シリコンの酸化過程が原子のスケールではどのようになっているのか，想像してみよう．シリコンと酸化膜の構造を模式的に与えたのが図 4.3 である．シリコンは Si 原子の 4 本のボンドがすべて隣りの Si 原子と結合しているのに対し，酸化膜では Si 原子と Si 原子の間に O 原子が入り込んでいるのが分かる．このことから，酸化現象とは「酸化膜中を拡散してきた

第4章　ナノエレクトロニクスへの応用　　　　95

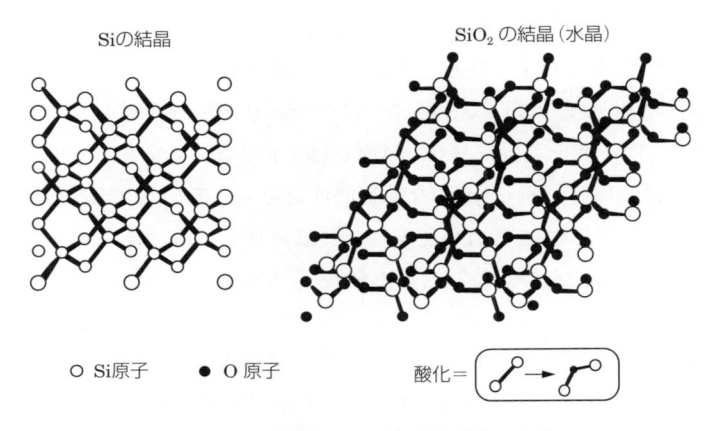

Siの結晶　　　　　　SiO₂の結晶（水晶）

○ Si原子　　● O原子　　　酸化＝

図 4.3　Si結晶とSiO₂結晶の原子構造の比較

酸化種から酸素原子が形成されて，そのO原子がシリコン基板のSi-Siボンドの間に挿入されて，Si-O-Siボンドが形成されて酸化膜になる現象」，ということになる．したがって，酸化現象の際に現れる以下の素過程を解明しない限り原子レベルで酸化過程を理解したということにはならない．

(1) どのように酸化種は酸化膜中を拡散するのか．
(2) どこで酸化種からO原子が形成されるのか．
(3) どのようにO原子はシリコン基板のSi-Siボンドの間に入り込むのか．
(4) どのような方向・形状をとって酸化された領域が成長していくのか．

これら各々の素過程は現在まさに研究が進められている問題であるが，ここでは最も基本的な部分，シリコンが酸化されて酸化膜が形成されると構造的にどのようなことが起こるのか，ということについて議論することとする．

原子のレベルで考えると（図4.3），シリコン基板はダイヤモンド構造をしたSi原子のネットワークにより形成されている．各Si原子は4本のボンドをもっていて，それぞれが他のSi原子と結合をつくっており，四つの最近接Si原子を頂点とする四面体は重心にSi原子がある正四面体構造となる．この4本のボンドはSi原子の価電子である$3s$軌道と$3p_x$, $3p_y$, $3p_z$軌道の混成によって形成される4本のsp^3混成軌道に対応しており，それぞれのSi原子間の結

合はこのsp^3軌道どうしのσ結合である．一方，シリコン酸化膜は，Si原子とO原子がつながったネットワークにより形成されている．シリコン酸化膜の組成はほぼSi原子一つにつきO原子二つであり，Si原子はシリコン基板と同じく4本のボンドをもっており，O原子は2本のボンドをもっている．Si原子のボンドは先ほどと同じsp^3的な軌道的性質をもっている一方，O原子は二つの$2p$軌道と一つの$2s$軌道が混成した軌道をしている．各Si原子は四つの酸素原子と結合を組んで，隣り合ったSi原子とSi原子の間には必ずO原子が存在してこの両者をつないでいる．したがって，その四つの酸素を頂点としたSiO_4正四面体どうしが互いに頂点を共有してつながったような構造をしている．ここで，注意したいのは，SiO_4正四面体は非常に堅固でその形状はほとんど変化しないが，それに比べると互いのSiO_4正四面体をつなぐSi-O-Siの結合角は非常に柔らかく，ネットワークが自在に変化し得る．したがって，シリコンが酸化されるという過程は，Si-Si結合の間にO原子が挿入されてSi-O-Si結合ができる，ということで理解できる．つまり，酸化過程は，酸化膜を通って到達した酸素原子が界面で新しいSi-O-Si結合を次々と形成していく過程である．実験的にシリコン酸化膜界面は電荷捕獲量が非常に少ないことが知られているが，こう考えればSi原子やO原子はすべてのボンドがくまなく結合を組んでいて，界面にSi原子やO原子のダングリングボンドが現れることがないので，実験と矛盾しない．

　ところが，シリコン結晶中のSi原子一つ当りの体積は，シリコン酸化物中のSi原子一つ当りの体積の半分程度である．ということは，シリコン酸化過程では全体の体積がどんどん膨張することを意味している．特に，この体積膨張は反応の起こる界面近傍で起こるはずであるから，酸化に伴って界面に大量の応力が生じることとなる．このあたりの事情を，Si(100)表面から酸化膜が形成されていく過程を例にとって第一原理計算を使って見てみよう．まず，O原子が最表面のSi-Siボンドに順番に挿入されていくとしよう．O原子が二層分まで入ると〔**図4.4**（a）〕，形成された酸化領域はαクリストバライトと呼ばれるシリコン酸化物結晶と同じSi-O-Siボンドネットワークをもっている．しかし，この形成された構造はαクリストバライトに比べてはるかに圧縮されている．酸化領域の面内方向のa軸の長さもb軸の長さも，αクリ

第4章 ナノエレクトロニクスへの応用

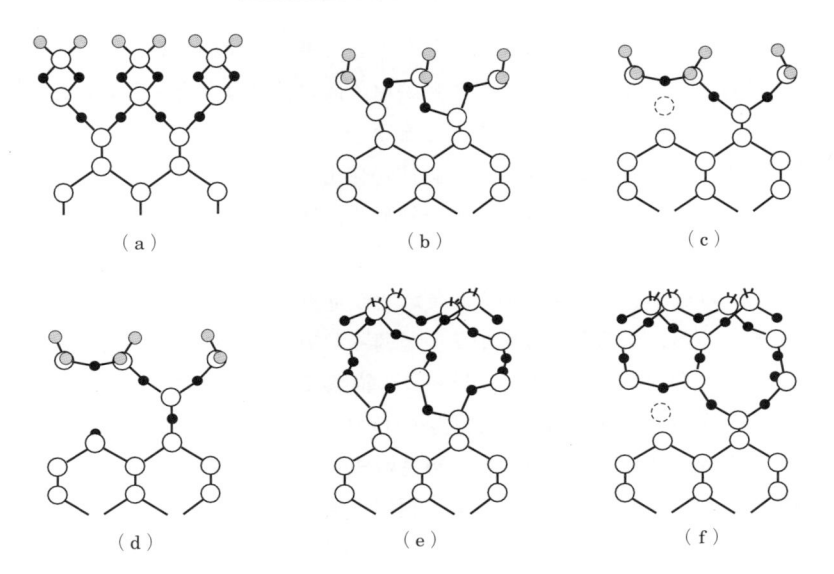

(a)　　　　　　　　(b)　　　　　　　　(c)

(d)　　　　　　　　(e)　　　　　　　　(f)

図 4.4　横から見た量子論的解析に用いたモデルの原子構造.
(a) 単純に二層目まで酸化が進んだ構造. (b), (c) ごく初期の酸化表面におけるシリコン原子の放出前と後の原子構造. (d) シリコン原子放出の後二層目まで酸化が進んだときの原子構造. (e), (f) 酸化膜/シリコン界面におけるシリコン原子が放出される前と後の原子構造. 黒丸が酸素原子, 白丸がシリコン原子を表す

ストバライト結晶の対応する軸の長さより23％も短い. そして, 弾性論に反して界面に垂直なc軸の長さはαクリストバライト結晶の対応する軸の長さに比べて20％の伸長にとどまっている. したがって, 酸化領域の体積はαクリストバライトに比べて25％ほども大きく圧縮されていることになる. 通常結晶では数％のひずみがあるだけでも転位を生じてひずみを解放したドメイン構造が形成されることを考えると, これは驚異的に大きなひずみであって, このようなひずみが加わった状況が現実に起こるとはとうてい考えられない.

このように, 単純にSi-Si結合の間にO原子が入り込んでいくとだけ考えたのでは, 形成される酸化膜に莫大なひずみが蓄積することになってしまい, シリコンの酸化過程を理解するには不十分である. 酸化反応中に何らかの他の機構が介在してそのような大量の応力の発生を防いでいるはずである. 一般には, 形成された後のシリコン酸化膜はアモルファス的であって流動性を

もっており，それがこのように発生した応力を逃がす役割をしていると考えられている．しかし，シリコン基板側の原子間の結合は非常に堅く変形しにくいこと，界面の結合手はほとんどくまなくつながっていることが実験的に要請されることから，このような流動性が発生したすべての応力を緩和するとは考えにくい．ほかにも何か応力を解放する機構が存在すると考えるのが自然である．

そこで，O原子を一つずつ挿入して酸化が進行する途中のようすを注意深く見直してみる．すると，O原子が一層弱った過程で特殊な原子構造が出現していることが分かる〔図4.4 (b)〕．この構造では，Si-O結合を一つしかもっていない表面一層目のSi原子が，別のO原子と極めて近い位置にある．このことから，これら二つの原子は二層目のSi原子との結合を切って，互いに直接結合しやすいことが考えられる．更に，横方向に圧縮性のひずみが加わっているので，この結合を切られた二層目のSi原子は表面から放出されると予想できる〔図4.4 (c)〕．そこで，このようにSi原子が放出された構造について実際に全エネルギーを計算してみると，ダングリングボンドを2本ももっているにもかかわらず，放出された構造は放出しない構造とほとんど同程度の安定性である．更に，この放出された構造にO原子を導入していくと，それらの構造はすべて，対応する原子が放出されていない構造よりも全エネルギー的に安定となる．そのエネルギー利得は放出原子が一つ当り2 eVにまで達する．これは，まずSi-SiボンドにO原子が入ることによってダングリングボンド2本が互いに弱い結合をつくり，更なるO原子導入によってこれらの間にO原子が入ってSi-O-Siボンドを形成してダングリングボンドを消してしまうからである．このことは，シリコン原子の放出がシリコン酸化膜界面に界面ギャップ内状態を誘起しないことを意味している．更に，放出された構造にO原子が二層分入ったときの酸化領域のSi-O-Siネットワーク構造〔図4.4 (d)〕は，シリコン酸化物結晶の一種であるβ水晶と一致する．酸化領域のa軸はβ水晶の対応する軸より8％長いだけである．また，b軸とc軸は，それぞれ1％と0.2％，β水晶の対応する軸より短いだけである．つまり，体積としてはわずか8％の増大にとどまっている．そして，形成された酸化領域に残っているこのひずみも，Si原子の放出する割合をうまく選べば，原

理的には0に近づけることができる．またここまでの検討はSi表面からの酸化を考察していたが，シリコンと酸化膜の界面が既に形成されているところから，酸化が進行する場合についても，やはりSi原子が放出されるほうがエネルギー的に安定である〔図4.4 (e), (f)〕．このように，Si原子の放出によって酸化領域成長に伴って誘起されるひずみはみごとに解放されることが分かった[1]．

この酸化時の界面からのSi原子放出という現象は，実は既に実験的に広くよく知られた現象である．熱酸化している最中にはシリコン基板中の格子間Si原子濃度が増加し，そのために基板中に酸化誘起積層欠陥（OSF）が形成されたり[6], [7]，基板中のドーパントに酸化増速拡散（OED）や酸化減速拡散（ORD）[8], [9]といった異常な拡散が生ずることが知られている．シリコン基板中の格子間Si原子濃度が増大するためには，酸化時にSi原子が生成されていなければならない．したがって，界面からのSi原子放出という量子論的解析からの結論は実験的事実と矛盾しない．

しかし，以上の量子論的解析から見積もった界面から放出されるSi原子の数は3個のSi原子の酸化につき1個の割合と非常に多く，計算に用いたモデルによる過大評価の可能性や，酸化膜の粘性流動の存在によるひずみの解放機構としての役割の減少を考慮しても，その放出量はOSFなどの実験から予想される放出量より圧倒的に多い．それでは，これら大量のSi原子はどこに行くのであろうか．Si原子放出の際のエネルギー利得（≦2 eV）はシリコン結晶中の格子間Si原子の生成エネルギー（4.9 eV）よりも小さいので，放出されたSi原子のほとんどは，① 界面のキンクに捕まったり，② 表面に析出したり，③ 酸化領域に取り込まれたり，④ シリコン基板中の空格子欠陥を埋めたり，⑤ SiO分子として表面から外部へ放出されたりすると思われる．界面から放出されたSi原子のほんの一部がシリコン基板中の格子間Si原子となると考えられる．このように，酸化の際に放出されたSi原子の氷山の一角がシリコン基板中の格子間Si原子の源となり，OSFやOED，ORDなどを引き起こしている可能性は否めない．

しかし，その行方や振舞いの詳細についてはまだ研究途上であり，その振舞い方によっては初期増速酸化現象や形成された酸化膜質・絶縁耐性への影

響も予想される．最近の研究では，これまで謎とされてきた多くの酸化現象が第一原理計算によって得られたモデルに基づいたマクロスコピックな理論によって定量的に説明されている[10]～[13]．

4.1.4 ゲート酸化膜の絶縁耐性に対する第一原理計算によるアプローチ

この項ではMOSFETにおける最も重要な構成要素であるゲート酸化膜の絶縁耐性に関する第一原理計算の研究を紹介する．

ゲート酸化膜はMOSFETにおいて，図4.5のようにシリコンに挟まれた酸化膜の構造として使用される．すなわちゲート酸化膜を挟んで電界を印加することによってMOSFETの電位を調節するのである．したがって，ゲート酸化膜は良好な絶縁膜であることがMOSFETが効率的に動作する必要条件である．ところが，繰り返しゲート酸化膜に電界を印加し続けると酸化膜の絶縁耐性が急速に劣化し，電圧の印加とともに漏れ電流が流れるようになってくる．こうした漏れ電流の起源は酸化膜中に「電荷トラップ」と呼ばれるエネルギー準位がシリコンの伝導帯付近に出現することが原因であるというモデルが広く受け入れられている[14], [15]．漏れ電流はこれらのエネルギー準位を介して発生するというモデルである．実験的には絶縁膜の劣化の際にホールトラップが発生し，その後の電子トラップが発生して漏れ電流が発生するということが知られている[16]．どのようにして電荷トラップが酸化膜中に生成されるかを模式的に表したのが図4.6である．この図から分かるように，酸化膜に繰り返し電界をかけ続けていると，まずホールの注入が起こり，元来膜中に存在した欠陥がホールトラップに変化する．更にホールトラップが存在している膜に電界をかけると今度は電子の注入が起こり，ホールトラップが電子トラップへと変化する．こうして電子トラップが形成される

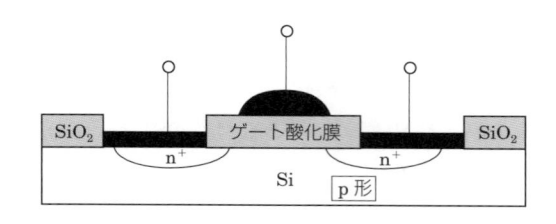

図 4.5　MOSFET中のゲート酸化膜

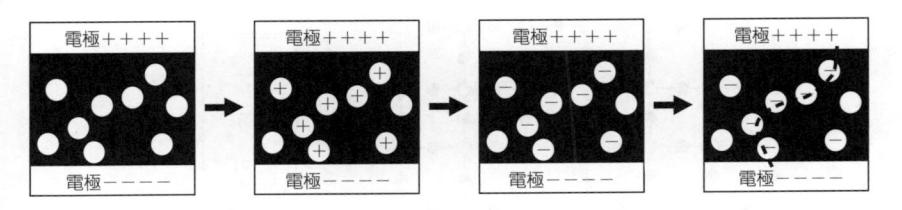

図 4.6 電荷トラップが形成された後に漏れ電流が流れる模式図

と電子トラップを介して漏れ電流が発生するというわけである.

それではこうした「電荷トラップ」の原子レベルでの機構はどのようになっているのであろうか.第一原理計算に基づいた量子力学的な計算によると,酸化膜中の構造欠陥(酸素空孔, Si-OH結合など)に電子やホールなどの電荷がトラップされたときの原子構造やエネルギー準位構造がどのように変わるかを予測することができる.ここでは,酸素空孔とゲート酸化膜の漏れ電流の間の関係を議論した第一原理計算による研究例を紹介しよう[17], [18].まず中性の荷電状態のときの酸化膜中の酸素空孔の構造を図4.7(a)に模式的に示す.このように中性のときには酸素空孔の両側にあるSi原子が互いに結合(Si-Siボンド)をつくっていることが分かる.また,このときのエネルギー準位構造は図4.7(b)のようになっており,酸素空孔に起因する欠陥準位がシリコンの伝導帯付近には存在しない.すなわち,漏れ電流の源になるような「電荷トラップ準位」は酸化膜中に存在しないのである.

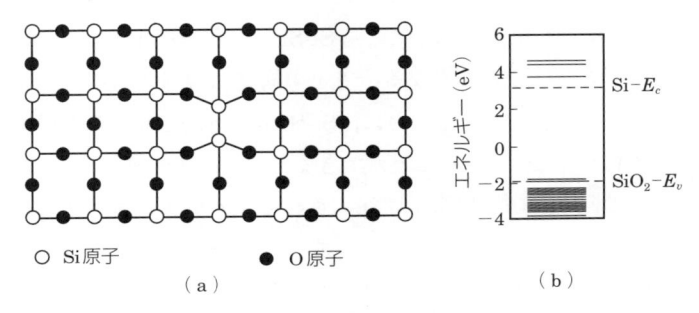

図 4.7 中性の酸素欠陥の原子構造(a)とエネルギー準位構造(b)の模式図.二つのシリコン原子が結合している.またバンドギャップ中に欠陥に関連するエネルギー準位はない

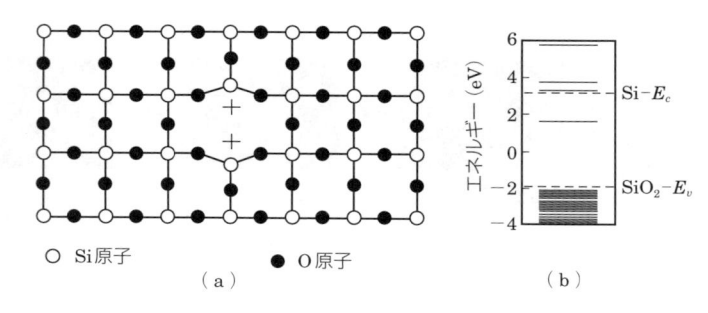

図 4.8 正に帯電した酸素欠陥の原子構造 (a) とエネルギー準位構造 (b) の模式図. 中性のときに結合していた二つのシリコン原子の結合が切れている. 結合の切断に伴い, バンドギャップ中に欠陥に関連するエネルギー準位が出現する

このように酸化膜中に存在する酸素空孔は元来 Si-Si 結合を形成し「電荷トラップ準位」はもたないということができる. また, この酸素空孔構造に電子を注入しても構造はほとんど変化しないことも第一原理計算の結果から明らかになっている. ところが, 酸化膜にホールが注入され, フェルミ準位が変化していくと大きく様相が変わってくる.

図 4.8 (a) にフェルミ準位が変わってホールが捕獲されてプラスに荷電したときの最安定構造を模式的に示す. この構造では中性のときに形成されていた Si-Si ボンドはホールの捕獲とともに切断され, 二つの Si 原子間の距離は 4.4 Å と非常に大きくなってしまっている. これは Si-Si ボンドを形成していた二つの電子がホール注入によって消失したことによって Si-Si ボンドを保持することができなくなったためである. いったん Si-Si ボンドが切断されると酸化膜のフェルミ準位を変化させても Si-Si ボンドが存在するもとの構造には簡単にもどることはできなくなる. もとの構造に復帰するのにエネルギーバリヤが必要になるからである. 更に, Si-Si ボンドが切断された構造は電子を捕獲してマイナスに荷電することができる.

図 4.9 (a) は図 4.8 (a) に電子が注入されてマイナスに荷電することになったときの酸素空孔の構造を模式的に示す. このように図 4.8 (a) の構造が更に電子を捕獲することによって切断された Si-Si ボンド間の距離が 5.3 Å と更に大きくなっていることが分かる. 更に酸素空孔の構造〔図 4.7 (a), 図 4.8 (a), 図 4.9 (a)〕に応じて酸素空孔に起因するエネルギー準位構造がど

第4章 ナノエレクトロニクスへの応用   103

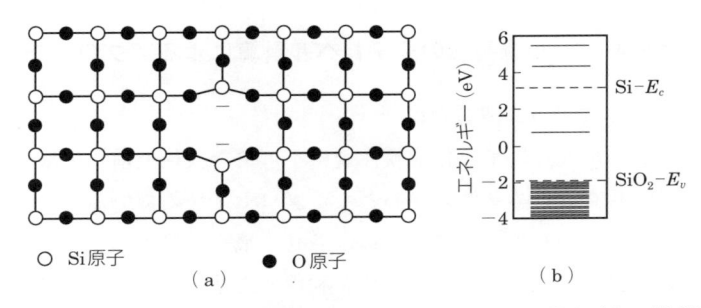

○ Si原子   ● O原子
(a)   (b)

図 4.9 負に帯電した酸素欠陥の原子構造 (a) とエネルギー準位構造 (b) の模式図．二つのシリコン原子の結合が切れている．バンドギャップ中に欠陥に関連するエネルギー準位が出現する

のようになるかを考察してみる．計算の結果得られたエネルギー準位構造は各々の構造に応じて図 4.7 (b)，図 4.8 (b)，図 4.9 (b) のようになる．図 4.8 (b) から分かるように，元来はシリコンの伝導体下端付近には存在しなかった酸素空孔に由来するエネルギー準位がホール注入によってシリコンの伝導体下端付近に出現して「電荷トラップレベル」として働き得る．更に電子を注入してマイナスの荷電状態になっても酸素空孔に由来するエネルギー準位が「電荷トラップレベル」として働き得るエネルギー領域に出現していることが分かる〔図 4.9 (b)〕．

これらの第一原理計算による結果はゲート酸化膜に対する電界印加の繰返しによって酸素空孔が「電荷トラップレベル」として働くようになり，漏れ電流の原因になり得ることを示唆している．また，最近の研究では，「酸素空孔＋水素原子」が電荷トラップレベルの原因となる提案も第一原理計算並びに実験事実に基づいてなされている[19]．いずれにしても，酸素欠陥が漏れ電流に何らかの役割を果たし得ることは間違いないようである．したがって，酸化膜作製の際に酸素欠陥の形成を抑制することが酸化膜の絶縁耐性の向上につながることが示唆される．このように，酸化現象をうまく制御して酸化膜の絶縁耐性を向上させる研究も現在盛んに行われるようになってきている．これらの研究の結果として，非常に薄いゲート絶縁膜を用いたナノデバイスが実現される日も近いと期待している．

4.2 エピタキシャル成長への原子レベル計算によるアプローチ

4.2.1 エピタキシャル成長とは

エピタキシャル成長は半導体薄膜作製に不可欠な技術で前項の酸化現象と並んでナノエレクトロニクスの中心となるプロセス技術である．エピタキシャル成長は半導体の基板上に原子を飛来させ，飛来し吸着した原子が基板表面上の安定な位置に収まっていく現象を利用して基板表面に非常に平たんな薄膜を作製する技術である．エピタキシャル成長の中心となる技術は分子線エピタキシー法（MBE法）と有機金属気相エピタキシー法（MOVPE法）である．ナノエレクトロニクスの世界では，薄膜上で原子1個1個を制御して配列させ，電子構造をも制御してデバイスに応用するというアプローチは既に常識となってきている．したがって，ナノエレクトロニクスにおいては，エピタキシャル成長過程そのものを原子レベルひいては電子レベルで理解することもまた重要となっている．エピタキシャル成長は，表面を舞台にして進行していく．表面に飛来した原子は，表面上を移動しながら，安定な位置に収まっていく．これらの原子が集合したものが結晶核となり，やがて表面を覆い薄膜を形成していくことになる．この薄膜成長の舞台となる表面は，多様な原子配列をもっていることはよく知られている．例えば，この項で取り上げる，代表的な化合物半導体であるGaAs(001)の表面構造として，**図4.10**に示すような表面構造が提案されてきている[20]～[26]．図4.10の例から

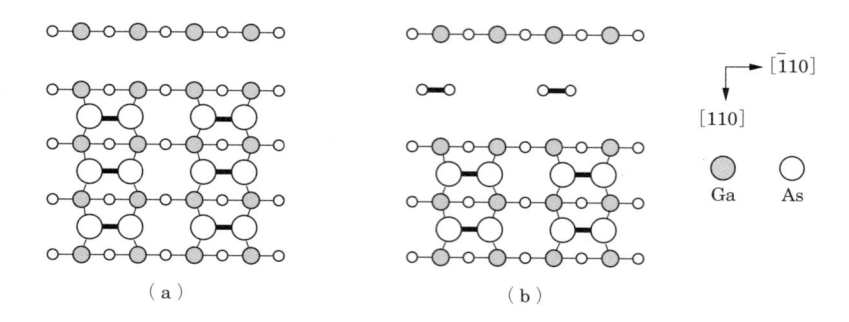

図 **4.10** GaAs(001) 表面の表面構造として提案された構造の例．
(a) $(2 \times 4)\beta1$表面，(b) $(2 \times 4)\beta2$表面

明らかなように,これらの表面は,けっして一様平たんなものではなく,原子レベルの凹凸をもつ複雑な原子配列をしている.

このような複雑な原子配列をもつ表面でのエピタキシャル成長を,従来の古典的な結晶成長で取り扱うことは不可能である.加えて,単にバルクの結晶構造のまま終端した,理想的な半導体表面だけを考えてみても,その表面には結合に寄与していない多数のダングリングボンド,これに付随した行き場のない多数の電子が存在している.これらの電子は,ダングリングボンドどうしあるいは吸着原子との結合を通してエピタキシャル成長過程に大きな影響を及ぼしていることが予想される.以上の事実は,特に半導体のエピタキシャル成長を考えるうえで,電子レベルでのアプローチ,すなわち量子論的アプローチが重要であることを示唆している.本節では,GaAs(001)表面上のエピタキシャル成長過程を対象として,上記の第一原理計算による結果に基づいた量子論的シミュレーションについて紹介する.

4.2.2 エピタキシャル成長の素過程

エピタキシャル成長の素過程は図 **4.11** の模式図に示すように,「吸着」,「表面マイグレーション」,「二次元核形成」,「新たな再構成表面の形成」などの表面で起こる素過程に大きく分けることができる.例えば,分子線エピタキシー(MBE)を例にとって考えてみよう.

(1) 分子線源から出てくる原子がまず基板表面に吸着する[吸着].
(2) 吸着した原子は基板表面をマイグレートする[表面マイグレーション].

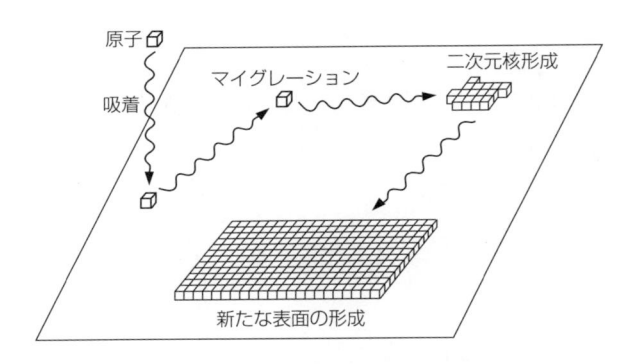

図 **4.11** エピタキシャル成長の素過程の模式図

(3) 吸着した原子が集まり，凝集して二次元核の形成が起こる［二次元核形成］．

(4) 二次元核が大きくなって，一層分の成長が進み，新たな再構成表面が形成される［新たな再構成構造の形成］．

これらの各素過程は本来ボンドを形成する電子の振舞いが支配するミクロスコピックなもので，第一原理計算などシュレディンガー方程式に基づいた理論的研究が待たれていた．本節では第一原理計算，及び第一原理計算の結果に基づいたモンテカルロシミュレーションについてのGaAsエピタキシャル成長の過程のミクロスコピックな研究について紹介する．

4.2.3 エピタキシャル成長の舞台，GaAs(001) 表面構造とエレクトロンカウンティングモデル

エピタキシャル成長を議論するにはまず，エピタキシャル成長の舞台となっているGaAs表面構造を知る必要がある．それでは，GaAs表面はどのよう

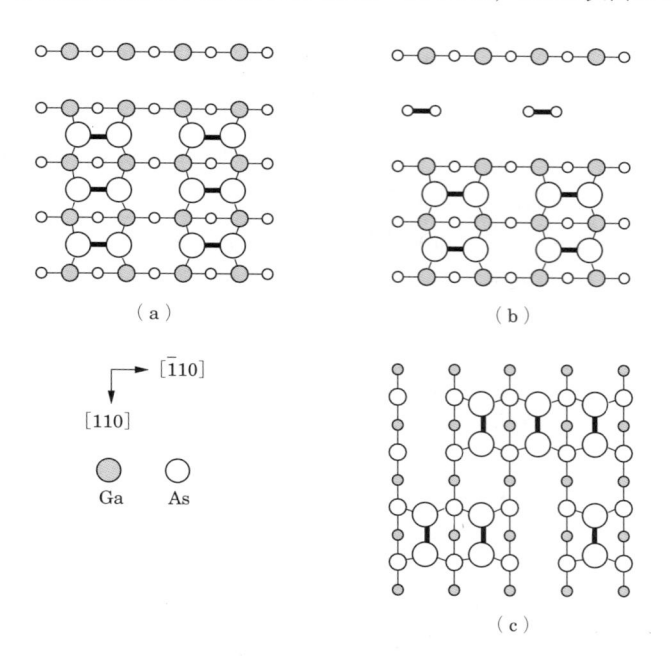

図 **4.12** 様々な GaAs(001) 表面．
(a) $(2 \times 4)\beta1$ 表面，(b) $(2 \times 4)\beta2$ 表面，(c) $c(4 \times 4)$ 表面

になっているであろうか．一般に表面の原子配列はいかなる理想的な表面であっても結晶を切断して得られる結晶面の原子配列とは一致せずに再構成構造をとることは第3章でSi(001)表面を例にとって述べた．エピタキシャル成長が最も一般的に行われるGaAs(001)表面は (2×4) や $c(4\times4)$ などの長周期構造をもつことが知られているが，これらの再構成構造はSTMを始めとする実験技術の進歩と第一原理計算による理論計算の成功により原子レベルでその詳細が明らかにされた[20]～[26]．**図4.12**に提案されたGaAs(001)表面に対する主な3種類の構造モデルを示す．図4.12 (a), (b) の $(2\times4)\beta1$, $\beta2$ 構造はAs被覆率が0.75に対応し，表面にAsダイマーの欠損した列（欠損ダイマー列）が存在する．$(2\times4)\beta1$ 構造では3列のAsダイマーと1列の欠損ダイマー列が，$(2\times4)\beta2$ 構造では2列のAsダイマーと2列の欠損ダイマー列が存在し，2列の欠損ダイマー列中には二原子層低いところにAsダイマーが形成されている．MBE成長は主にこの (2×4) 表面を舞台に行われることが多い．これに対し，図4.12 (c) の $c(4\times4)$ 構造はAs被覆率1.75に対応し，As安定化表面上に更に過剰なAsダイマーが存在する．MOVPE成長はこの表面を舞台に行われていることが報告されている．ここにあげたモデルはいずれも表面のAs原子どうしで結合をつくることによってAsダイマーを構成している点においては第3章で述べたSi(001)表面と類似している．ところが，同時にAsの欠損ダイマー列や過剰Asダイマーも含んでいる点においてはSi(001)表面に比べて非常に複雑な表面構造をしているといえよう．

それでは，どうしてGaAsの表面構造はSiに比べて非常に複雑な構造をしているのであろうか．これは，GaAsがGaとAsという2種類の元素から構成されていることに起因する．表面を考察する前にGaAs結晶中において，電子が各原子からどのように分配されているのであろうか．**図4.13**にSi結晶とGaAs結晶の模式図を示す．図4.13 (a) からSi結晶においては隣接する二つのSi原子から1個ずつ電子を供出して2個の電子からなる共有結合ボンドが形成されていることが分かる．これに対してGaAs結晶においては，Ga原子とAs原子からそれぞれ0.75個，1.25個の電子が供出されて結果として2個の電子からなる共有結合ボンドが形成されている〔図4.13 (b)〕．これはGa原子は4本のボンドと3個の価電子を有するため，1本のボンド当り0.75個の原

図中のラベル:

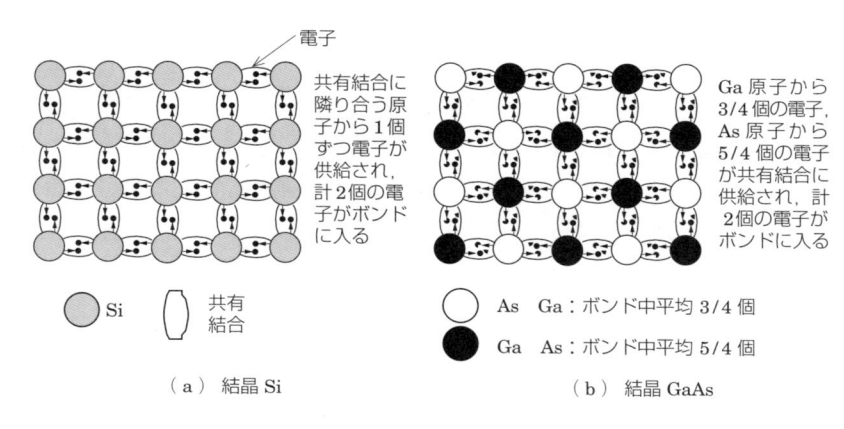

図4.13(a) 結晶Si: Si / 共有結合 / 電子 / 共有結合に隣り合う原子から1個ずつ電子が供給され，計2個の電子がボンドに入る

図4.13(b) 結晶GaAs: As / Ga：ボンド中平均 3/4 個 / Ga / As：ボンド中平均 5/4 個 / Ga原子から3/4個の電子，As原子から5/4個の電子が共有結合に供給され，計2個の電子がボンドに入る

図4.13　GaAsとSiの共有結合の起源の模式図

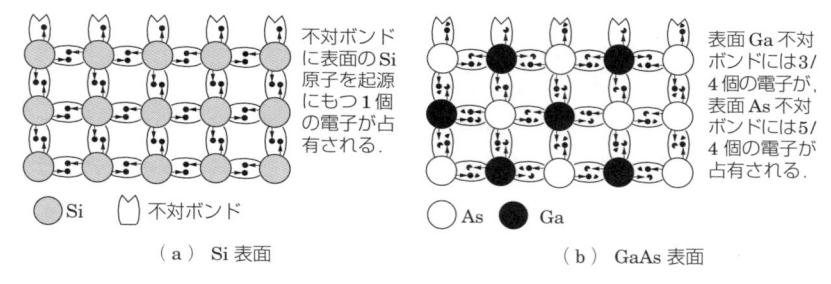

図4.14(a) Si表面: Si / 不対ボンド / 不対ボンドに表面のSi原子を起源にもつ1個の電子が占有される．

図4.14(b) GaAs表面: As / Ga / 表面Ga不対ボンドには3/4個の電子が，表面As不対ボンドには5/4個の電子が占有される．

図4.14　GaAsとSiの表面不対ボンドの相違

子が供出され，As原子は4本のボンドと5個の価電子を有するため，1本のボンド当り1.25個の原子が供出されるからである．このように，その起源は全く異なるにもかかわらず，Si結晶とGaAs結晶は結晶構造も共有結合の状況も結果として非常に類似しているといえる．

ところが，表面が出現すると状況は一変することになる．**図4.14**にSiの表面のダングリングボンドの状況とGaAsの表面のダングリングボンドの状況を模式的に示す．この図から分かるように，Si原子のダングリングボンドには1個の原子が詰まっているのに対し〔図4.14（a）〕，Ga原子とAs原子のダングリングボンドにはそれぞれ，平均して3/4個と5/4個という非整数の電子が詰まっていることが分かる〔図4.14（b）〕．このようにGa原子のダングリ

ングボンドとAs原子のダングリングボンドは原子の種類が異なるだけでなく，占有している電子数まで異なることになる．このように全く性質の異なる2種類のダングリングボンドがGaAs表面に存在することが，GaAs表面はSi表面とは全く異なる構造をとる起源である．

　GaのダングリングボンドとAsのダングリングボンドは電子の占有数だけでなく，エネルギー的にも異なる．GaのダングリングボンドはAsのダングリングボンドよりもエネルギー的に高い位置にある．このためGaのダングリングボンドからAsのダングリングボンドに電子が移動することによりエネルギーの安定化が起こる．**図4.15**に電子の移動に伴うエネルギーの安定化のようすを模式的に示す．電子の移動の結果として，GaAs表面においてGaのダングリングボンドは空となり，Asのダングリングボンドには完全に電子が詰まるようになる．GaAs表面において「Gaのダングリングボンドは空となり，Asのダングリングボンドは2個の電子に占有される」という規則はGaAs表面において，非常によく成り立つ規則であることが知られている[27],[28]．この規則は表面の電子の数を数えることで確かめられるので，エレクトロンカウンティングモデルと呼ばれる[28]．エレクトロンカウンティングモデルが成立している状況では，表面のバンド構造が半導体的になってバンドエネ

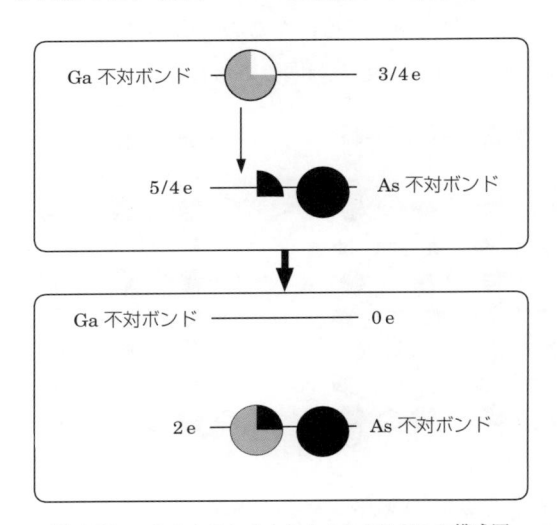

図4.15 エレクトロンカウンティングモデルの模式図

ルギーの安定化が起きるのに対し,エレクトロンカウンティングモデルが成立していない状況では表面のバンド構造が金属的でバンドエネルギーの安定化が起こらない.このことは,エレクトロンカウンティングモデルが成立する物理的起源である.エレクトロンカウンティングモデルを用いることで,GaAs表面のダングリングボンド中の電子数を勘定するだけで表面の安定性がある程度議論できることを後に紹介する.エレクトロンカウンティングモデルはGaのダングリングボンドからAsのダングリングボンドへの電子の移動という量子論に基づいた現象を基礎としている.この意味で,GaAs表面は,エレクトロンカウンティングモデルを考慮することによってある程度量子論的な効果を取り込むことができるといえよう.

それでは,実際のGaAs表面を例にエレクトロンカウンティングモデルの成立しているようすを見てみよう.図4.12(a)で紹介したGaAs(2×4)$\beta1$構造を例に調べてみよう.**図4.16**(a)にGaAs(2×4)$\beta1$構造における表面のダングリングボンドの状況を模式的に示す.この図から分かるように,(2×4)$\beta1$構造の表面単位胞の中には4本のGaのダングリングボンドと6本のAsのダングリングボンドが存在する.Gaの各ダングリングボンドには3/4個の電子が存在し,Asの各ダングリングボンドには3/2個の電子が存在する.Asのダングリングボンドの電子数が3/2になるのは表面のAs原子どうしのダイマー形成に各As原子から1個の電子が供給されたため,$(5/4\times2-1)=3/2$,と

(a)   (b)

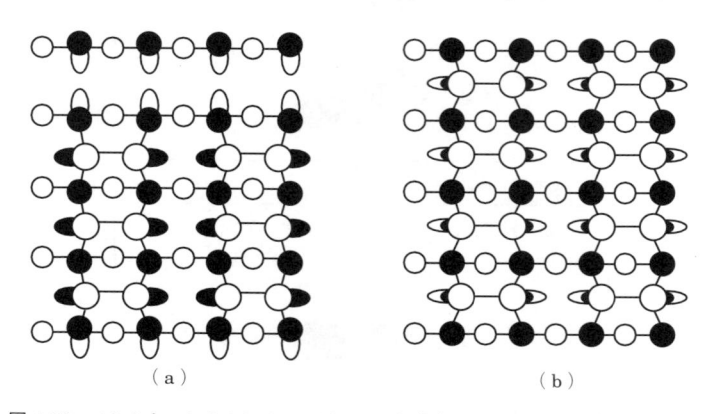

図4.16 エレクトロンカウンティングモデルが成立している表面構造の例(a)と成立していない表面構造の例(b)

なり,元来の電子数5/4がAsダイマーの横のダングリングボンドにおいては3/2となるためである.4本のGaのダングリングボンドに存在する$3/4 \times 4 = 3$個の電子が6本のAsのダングリングボンドに移動することによって,各AsのダングリングボンドのAs電子数は$3/2 + 3/6 = 2$となり,Asのダングリングボンドは2個の電子によって完全に占有される.このように$(2 \times 4)\beta 1$構造はエレクトロンカウンティングモデルを完全に満たしているのである.それではSi(001)表面と同様の(2×1)構造の場合はどうであろうか.このときのダングリングボンドのようすを図4.16(b)に示す.この図から分かるように,(2×1)の単位胞には2本のAsのダングリングボンドが存在し,各々のダングリングボンドには3/2の電子が占有している.ほかに全くダングリングボンドが存在しないことから,(2×1)表面構造はエレクトロンカウンティングモデルを満足していないことが分かる.このように,GaAs(001)表面は単純なAsダイマーだけからなる(2×1)表面再構成構造ではバンドエネルギーの安定化を起こすことができないため,欠損ダイマー列などを含む複雑な構造になるのである.GaAs(001)表面に現れる他の再構成構造である$(2 \times 4)$$\beta 2$構造,$c(4 \times 4)$構造も同様にエレクトロンカウンティングモデルを完全に満たしている.読者もこのことを確かめられたい.現在のところGaAsの清浄表面において出現するほとんどの再構成構造は,エレクトロンカウンティングモデルを満足していることが知られている.

最近の橋詰らによるSTM観察の結果,MBE成長中に出現するGaAs(001)表面の(2×4)構造には2個の表面Asダイマーと2列の欠損ダイマー列からなる$\beta 2$構造を示すことが報告され[26],第一原理の計算もこの実験結果を支持している[25].

4.2.4 GaAs表面でのGa原子のマイグレーション

(a) Ga原子のマイグレーションの第一原理計算による考察 ここでは第一原理計算を用いたGaAs結晶成長の素過程の研究の中から,表面のGa吸着原子のマイグレーションについて紹介する[29].Ga吸着原子のマイグレーションポテンシャルは以下のような手続きによって計算することができる.

(1) GaAs(001)清浄表面の再構成構造を第一原理計算で決定する.
(2) 決定したGaAs(001)表面上の座標(x, y)で与えられる位置にGa原

子を吸着させる.
(3) Ga原子の吸着位置座標 (x, y) を固定して，系の全エネルギーを (x, y) の関数 $E(x, y)$ として求める.
(4) 得られた関数 $E(x, y)$ はGa原子がGaAs (001) 表面をマイグレーションしていくときに感じるポテンシャル（マイグレーションポテンシャル）である.

以上の手続きによって得られたGaAs (001) $\beta 1$ 表面上におけるGa原子のマイグレーションポテンシャルを表面単位胞と吸着サイト〔図 4.17 (a)〕とともに図 4.17 (b) に示す．この計算では (4×4) 表面単位胞の中に1個のGa吸着原子が存在するときに対応し，Gaの被覆率1/16である．これらの図から分かるように，Ga原子の最安定吸着サイトAはAsダイマーが存在する領域である．現実の結晶成長においてはGa原子の供給が進むにつれて，表面のGa被覆率が大きくなってくるはずである．それではGaのマイグレーションポテンシャルはGa被覆率の増加によってどのように変化するのであろうか．マイグレーションポテンシャルの被覆率依存性は次のような手続きで計算することができる.

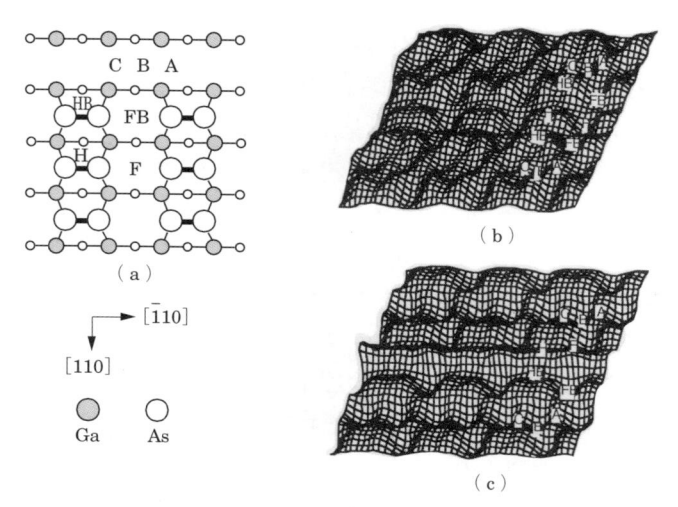

図 4.17 GaAs (001) $-(2 \times 4)\beta 1$ 表面構造 (a) とGa原子のマイグレーションポテンシャルのGa被覆率依存性 (b) $\theta = 1/16$, (c) $\theta = 3/16$

(1) (4×4) 表面単位胞中にGa原子を吸着させ，その最安定吸着サイトを決定する．
(2) 1個目のGa原子が最安定吸着サイトに存在するGaAs表面に2個目のGa原子を吸着させ，そのマイグレーションポテンシャルを決定する．このマイグレーションポテンシャルがGa被覆率2/16のときのマイグレーションポテンシャルである．
(3) 同様にして，Ga吸着原子の数を増加させることにより被覆率3/16，4/16におけるGaのマイグレーションポテンシャルを求めることができる．このようにしてマイグレーションポテンシャルの被覆率依存性を計算する．

以上の手続きに従ってGaの被覆率が増加したときのマイグレーションポテンシャルを計算したのが図4.17（c）である．この図は（4×4）表面単位胞の中に3個のGa吸着原子が存在するときに対応し，Ga被覆率は3/16に対応している．この図から分かるように，表面のGa被覆率が増加するにつれて最安定吸着サイトはAsダイマーの領域から欠損ダイマー列に移っている．このようにGaのマイグレーションポテンシャルはGa原子の表面への取込みが進みGa被覆率が増加してくるとその様相ががらりと変化するのである．ここで述べたGa原子のマイグレーションポテンシャルのGa被覆率依存性は表面のボンド形成とエレクトロンカウンティングモデルとの二つの効果を考えることによって定性的に説明できることが最近の研究によって明らかにされている[29],[30]．

（b） Ga原子のマイグレーションのモンテカルロ法による考察　前項の第一原理計算ではGa原子が表面で感じるマイグレーションポテンシャルについて述べた．この項では，ストカスティックモンテカルロ法を用いた吸着原子のマイグレーションの研究について紹介する[29],[31]．図4.17（a）のようなGaAs(001)-(2×4)β1表面構造における，Ga原子のマイグレーションを見てみよう．この表面は4.2.3項で述べたように3列のAsダイマーと4列おきに存在する1列の欠損ダイマーから構成されている．マイグレーションを決めるものは，始状態と終状態の間に存在するエネルギー障壁ΔE_aである．原子がマイグレーションするためには，エネルギー障壁を乗り越える必要があ

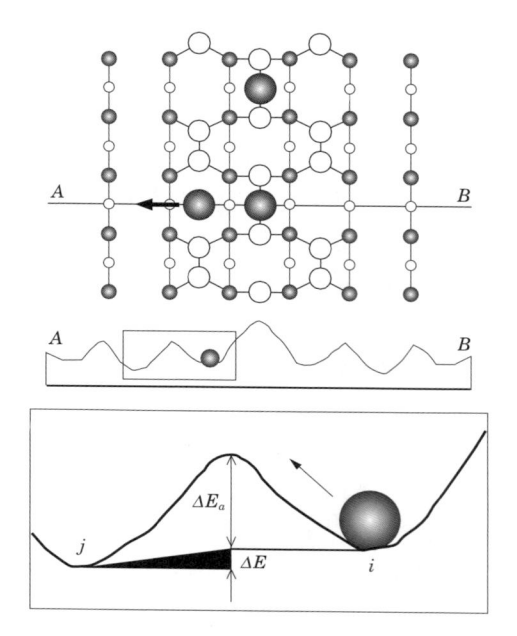

図 4.18 ストカスティックモンテカルロ法における原子のマイグレーションの模式図．始状態 i から終状態 j に]移動するときのエネルギーバリヤを ΔE_a，エネルギー差を ΔE で与える

るのである．模式図**図 4.18** に与えられるエネルギー障壁をジャンプ確率 R は次式によって与えられる．

$$R = R_0 \exp\left(\frac{-\Delta E_a}{kT}\right) \tag{4.9}$$

ここで，R_0 は振動数因子と呼ばれ，通常 $10^{11} \sim 10^{12}\,\mathrm{s}^{-1}$ 程度の値をもつことが知られている．式（4.9）を用いて前項で求めた図 4.17 のマイグレーションポテンシャルについて C 点から E 点へのジャンプ確率を計算してみよう．C 点から E 点にジャンプするためには，中間にあるエネルギーの高い状態を通過しなくてはならない．この場合，そのエネルギー障壁は 0.79 eV である．すなわち，図 4.18 の模式図と対応させると，i が C 点，j が E 点，エネルギー障壁 $\Delta E_a = 0.79\,\mathrm{eV}$ とみなすことができるのである．式（4.9）における振動数因子を $R_0 = 10^{12}\,\mathrm{s}^{-1}$ とすると，室温（$T = 27\,°\mathrm{C}$）のときには，$R = 4.82 \times$

$10^{-2}\mathrm{s}^{-1}$ となる.すなわち吸着原子は室温においては1秒間に1回動くことも難しいのである.ところが,エピタキシャル成長が通常行われる600℃前後においてはジャンプ確率は $R = 2.65 \times 10^7 \mathrm{s}^{-1}$ となり,原子はポテンシャル障壁を乗り越えて,十分に表面上をマイグレートすることができる.このことから,吸着原子は室温ではマイグレーションが十分に起こらないため,表面上の最安定吸着サイトに到達することはできないが,600℃ではマイグレーションが十分に起こるため最安定吸着サイトまで移動していくことができるのである.このような事情を考慮して,いくつかのGa被覆率に対して求めたGa原子のマイグレーションをモンテカルロシミュレーションによって調べてみる.このときの条件は成長温度600℃,成長速度2原子層/sにおいて行った.

図4.19 (a),(b) は GaAs(001) $-(2 \times 4)\beta1$ 表面におけるGa吸着原子の配置を表面被覆率 $\theta = 0.1$ 及び $\theta = 0.25$ に対してスナップショットとして示したものである.この図から明らかなように,被覆率の小さい場合には($\theta = 0.1$ のとき),Ga原子はAsダイマー列の上に多数存在していることが分かる.ところが,被覆率が大きくなってくると($\theta = 0.25$ のとき),欠損ダイマー列上

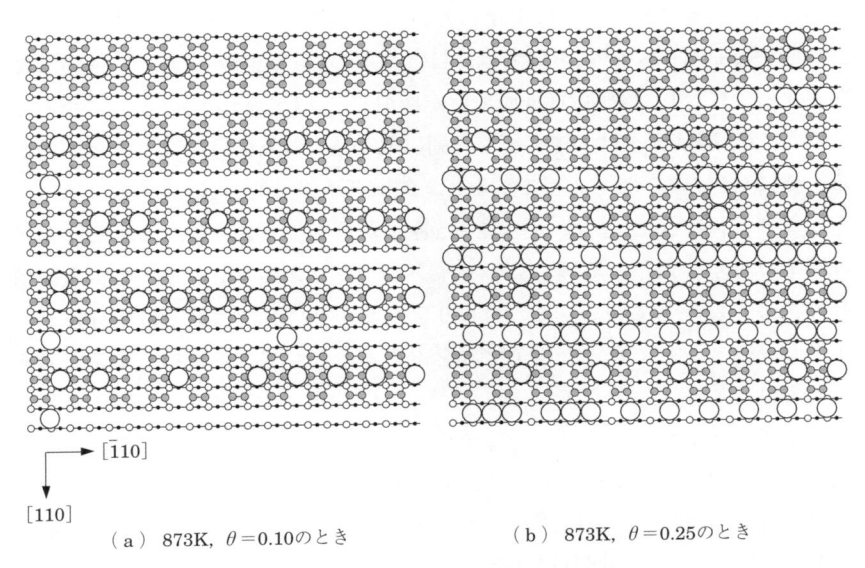

(a) 873K, $\theta = 0.10$ のとき　　　　(b) 873K, $\theta = 0.25$ のとき

図 **4.19** ストカスティックモンテカルロ法によって得られた,Ga被覆率0.1と0.25におけるGa原子の吸着のようす

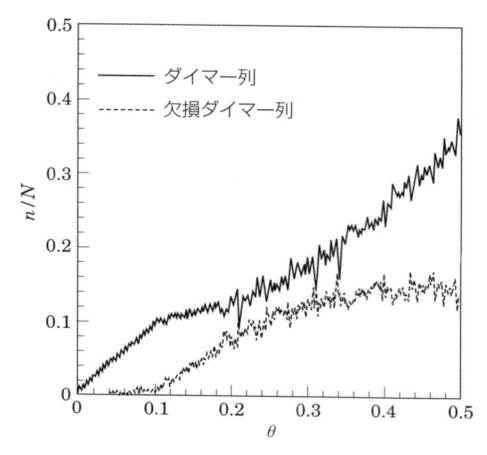

図 4.20 GaAs(001)−(2×4)β1 表面上のダイマー領域（実線）と欠損ダイマー領域（破線）におけるGa原子数比 n/N の被覆率依存性

にも多く存在していることが分かる．ダイマー列上と欠損ダイマー列上でのGa原子の被覆率 n/N（n はGa原子数，N は表面格子点の総数）が，表面被覆率の増加とともにどのように変化していくかを示したのが図4.20である．成長初期すなわち $\theta \leqq 0.1$ においては，ほとんどのGa原子がAsダイマー領域に存在するのに対し，表面のGa原子数が増加して $0.1 \leqq \theta \leqq 0.3$ の領域になってくると，Ga吸着原子は欠損ダイマー列に取り込まれるようになることが分かる．更にGa被覆率が増加してくると，欠損ダイマー列のGa原子数はほぼ一定になり，再びAsダイマー列上をGa原子が占有するようになる．この結果は図4.17に示した第一原理計算のマイグレーションポテンシャルの被覆率依存性をよく反映している．これは600℃のような高温では原子は十分速くマイグレーションして安定な格子位置を占めることができるためであると考えられる．

　ここではストカスティックモンテカルロ法に基づくシミュレーションを示したが，このシミュレーションでは原子のマイグレーションの詳細を考慮するため計算実行に要する時間が大きくなる．またGaAsにおいては，Ga原子の吸着，安定位置への移動に加えて，As原子の吸着脱離，マイグレーションをも本来考慮しなくてはならない．しかも，これらの素過程が図4.17（a）の

4.2.5 GaAsのエピタキシャル成長のミクロスコピックな起源

（a） エピタキシャル成長の謎　前項ではGaAs(001)表面上のGa吸着原子のマイグレーションを紹介した．この項ではAs原子がエピタキシャル成長中に取り込まれる過程について説明する．その前に，「エピタキシャル成長の不思議」と考えられていることについて簡単に触れておく．図4.21に示すようなGaAsの表面構造は表面のAs被覆率は1ではなく，いつでも過不足が存在する．このようにAs被覆率が1と等しくないGaAs(001)表面上にGa原子とAs原子が交互に一層ずつ表面に単純に供給されたとしよう．すると，元来表面に存在するAs原子の過不足のため，作成された結晶中には多くのアンチサイト欠陥が導入されることになってしまう．このようすを図4.22の模式図に示す．図4.22から分かるように，MBE成長ではGaアンチサイト欠陥が，MOVPE成長ではAsアンチサイト欠陥が形成されることになるのである．ところが現実にエピタキシャル成長で作成されるGaAs結晶は非常に高品質で

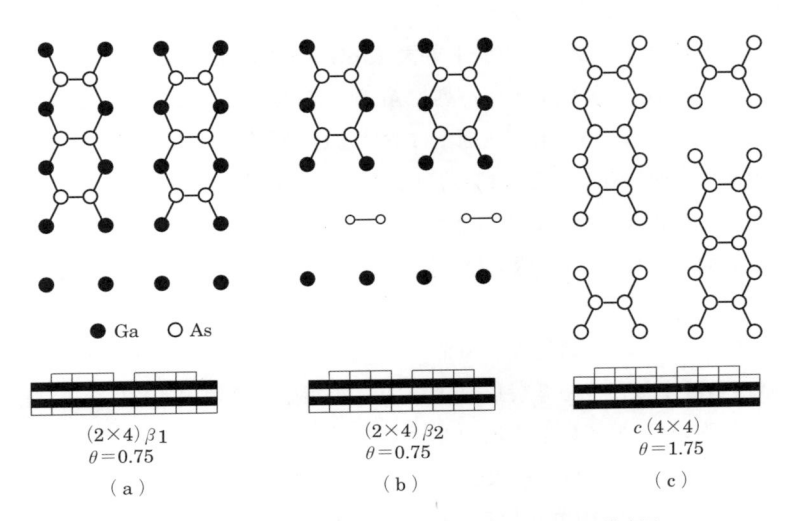

(2×4)β1　　　　(2×4)β2　　　　c(4×4)
$\theta=0.75$　　　　$\theta=0.75$　　　　$\theta=1.75$
　(a)　　　　　　　(b)　　　　　　　(c)

図4.21　様々なGaAs表面構造における表面のAsの過不足の模式図．
　　　　(a) (2×4)β1表面，(b) (2×4)β2表面，(c) c(4×4) 表面

(a) MBE 成長：Ga アンチサイト形成

(b) MOVPE 成長：As アンチサイト形成

図 4.22　GaAs エピタキシャル成長にパラドックス.
(a) MBE 成長, (b) MOVPE 成長

ほとんどアンチサイト欠陥が含まれていないことが知られている．この事実は現実のエピタキシャル成長が進行していく過程で必ず欠損ダイマー列にはAs原子が取り込まれ，また過剰Asダイマーは必ずGa原子と置き換わっていることを意味する．これが「エピタキシャル成長の不思議」といわれている事実である．それでは，なぜGaAs表面におけるAsの過不足がエピタキシャル成長が進行していく過程で調節されるのであろうか．あるいは，本来凸凹が存在するGaAs表面上でなぜ原子層単位できれいな結晶成長が進行するのであろうか．第一原理計算によってこの素朴で深淵な問題にも明快な解答を与えた研究について紹介しよう[32]～[34]．

（b）　セルフサーファクタント効果（**self-surfactant effect**）　　まずMBE成長において欠損ダイマー列にAs原子が取り込まれる機構について考える．前項ではGaAs(001)表面上におけるGa原子のマイグレーションポテンシャルが表面に存在するGa吸着原子の被覆率が増加するとともに大きく変化することを紹介した．このことから，欠損ダイマー列におけるAs原子の取込みも表面に存在するGa吸着原子によって大きく影響を受けることが予想される．

そこで，$(2\times4)\beta1$構造の欠損ダイマー列におけるAs_2分子の吸着エネルギーのGa被覆率依存性を考察してみる．Ga被覆率依存性の考察は(2×4)表面単位胞内のGa原子の数を増加させることによって議論することができる．まず，最初のGa吸着原子は最安定吸着位置の図4.23のAサイトに置き，2番目のGa吸着原子はBサイトに置く．(2×4)単位胞に1個のGa吸着原子が存在する場合はGa被覆率0.125に対応し，2個のGa吸着原子が存在する場合

第4章 ナノエレクトロニクスへの応用　　**119**

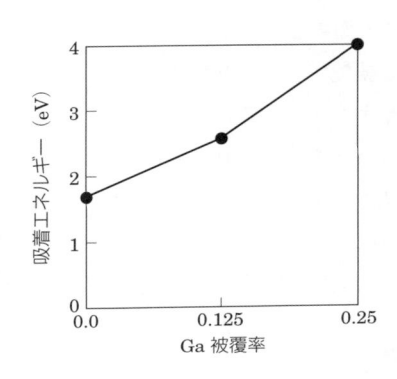

図 4.24 GaAs(001)-(2×4)β1表面におけるAsの吸着エネルギーのGa被覆率依存性

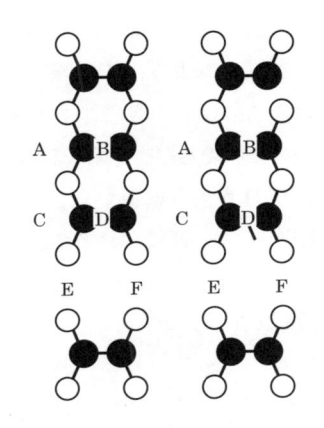

図 4.23 GaAs(001)-(2×4)β1表面と吸着サイト．吸着サイトはアルファベットで表す

にはGa被覆率0.25に対応する．**図4.24**にGa被覆率(θ) の関数として欠損ダイマー列におけるAs$_2$分子の吸着エネルギーをプロットした．図4.24から分かるように，As$_2$分子の吸着エネルギーはθの増加とともに急激に増加する．$\theta = 0.0$のときにわずか1.6 eVであった吸着エネルギーは$\theta = 0.25$のときには驚くべきことに3.9 eVにまで跳ね上がっていることが分かる．この急激な欠損ダイマー列におけるAs$_2$分子の吸着エネルギーの増加は，GaAs表面にGa原子の吸着が起こった後にAs$_2$分子が欠損ダイマー列に選択的に取り込まれることを示唆している．言い換えると，表面に存在するGa吸着原子がMBE成長中にアンチサイト欠陥を形成しないように，As$_2$分子の欠損ダイマー列への取込みを促進する機能を果たしているともいえよう．

次に，最近MBE成長表面におい

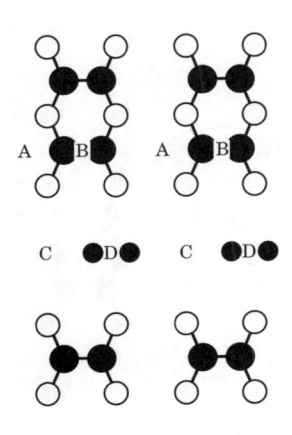

図 4.25 GaAs-(2×4)β1表面と吸着サイト．吸着サイトはアルファベットで表す

て最も有力となっている（2×4）β2表面（図4.25）におけるGa吸着原子の効果を考察してみよう．この際，（2×4）β1表面のときと同じく欠損ダイマー列におけるAs_2分子の吸着エネルギーをGa被覆率（θ）を変化させて計算した．最初の2個のGa吸着原子は最安定吸着サイトである図4.25のそれぞれCサイト及びDサイトに置いた．その結果，Ga被覆率が0.0から0.25に増加すると欠損ダイマー列におけるAs_2分子の吸着エネルギーは1.7 eVも増加する．このことから，（2×4）β2表面においても（2×4）β1表面同様，表面に存在する，Ga吸着原子がAs_2分子の欠損ダイマー列への取込みを促進していることが分かる．

次にMOVPE成長に関連したミクロスコピックな機構について議論する．MOVPE成長中にはGaAs(001)表面は図4.26のように3列の過剰Asダイマーの存在する$c(4×4)$構造を呈することが報告されている[23]．そこで中央の過剰Asダイマーの脱離エネルギーのGa被覆率（θ）依存性を$c(4×4)$表面単位胞内のGa吸着原子の数を変化させることによって考察してみる．この計算で最初のGa吸着原子は最安定吸着サイトである図4.26の表面構造のE_1サイトに置き，2番目のGa吸着原子はE_2サイトに置いた．前項のMBE成長のときと同様，$c(4×4)$単位胞に1個のGa吸着原子が存在する場合はGa被覆率0.125に対応し，2個のGa吸着原子が存在する場合にはGa被覆率0.25

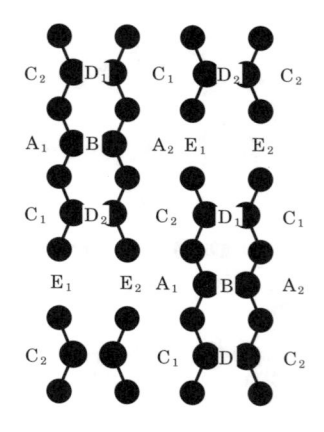

図**4.26** GaAs-$c(4×4)$表面と吸着サイト．吸着サイトはアルファベットで表す

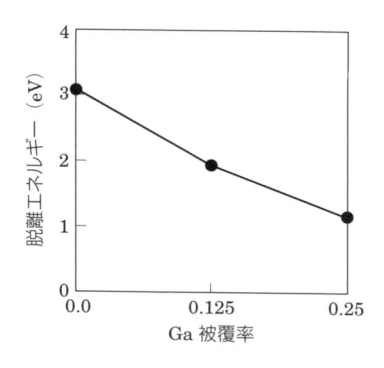

図**4.27** GaAs(001)-$c(4×4)$表面におけるAsの脱離エネルギーのGa被覆率依存性

に対応する．**図4.27**はGa被覆率（θ）の関数として中央のAsダイマーの脱離エネルギーをプロットしたものである．図4.27から分かるように，Asダイマーの脱離エネルギーはθの増加とともに急激に減少することが分かる．$\theta = 0.25$のときのAsダイマーの脱離エネルギーは，$\theta = 0.0$のときに比べて1.8 eVも減少している．この急激なAsダイマーの脱離エネルギーの減少は，GaAs表面にGa原子の吸着が起こった後に過剰Asダイマーと二層目のAs原子との結合ボンドが弱まり，過剰AsダイマーがGa原子と置換されやすくなったことを示唆している．言い換えると，表面に存在するGa吸着原子はMOVPE成長中にアンチサイト欠陥を形成しないように，過剰AsダイマーとGa原子との置換を促進する機能を果たしている．

本章でこれまで述べてきたように，表面に存在するGa吸着原子はMBE成長においては表面のAsの不足を補うことを促進し，MOVPE成長においてはAsの過剰を解消する働きをすることが分かった．この意味で表面に存在するGa吸着原子はエピタキシャル成長中に「セルフサーファクタント原子」として振る舞い，成長表面におけるAsの再配列を引き起こし，成長中に「きれいなAs安定化表面」を保持する働きをするといえよう．このような「セルフサーファクタント効果」の帰結として，アンチサイト欠陥を形成することなく層状成長が滞りなく進行していくと考えられる[33], [34]．MBE成長，及びMOVPE成長の過程で表面に存在するGa吸着原子の効果で層状成長が滞りなく進行していくようすを**図4.28**（a），（b）に模式的に与える．これまでは

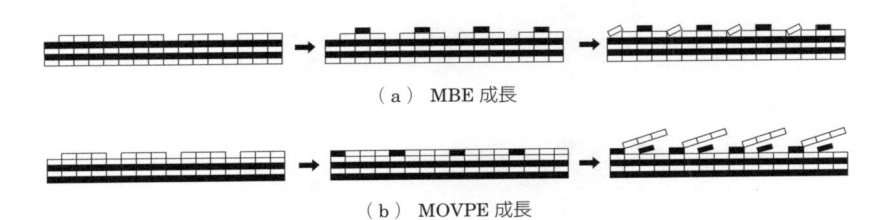

（a）MBE成長

（b）MOVPE成長

セルフサーファクタント効果（アンチサイトを形成することなく層状成長が持続する）

図4.28 GaAsエピタキシャル成長において表面のAsの過不足が調節されて成長が滞りなく進行する過程の模式図．
(a) MBE成長，(b) MOVPE成長，Ga吸着がAsの表面での再配列を引き起こしている（セルフサーファクタント効果）

GaAsエピタキシャル成長を例にとってセルフサーファクタント効果を議論してきたが，この考え方はGaAs以外の他の化合物半導体全般に成立する普遍的な原理であることを付け加えておこう．

（c）セルフサーファクタント効果の物理的起源　それでは，Asの吸着（脱離）エネルギーの強いGa被覆率依存性の物理的背景はどのようになっているのであろうか．ここでは，中でも物理的背景の見やすい$(2\times4)\beta1$表面におけるAsの吸着と$c(4\times4)$表面におけるAsの脱離に限って解説する．$(2\times4)\beta1$及び$c(4\times4)$表面上に前もって配置したGa吸着原子は，Asの吸着（脱離）サイトから第四近接サイトに位置することが**図4.29**（a），（b）から分かる．このようにGa吸着原子の位置とAsの吸着（脱離）サイトの間の距離が十分遠いため，Ga吸着原子の存在はAsの吸着（脱離）サイトの周辺の表面原子構造をほとんど変化させていない．したがって，古典的な意味でのボンド形成エネルギーはGa吸着原子の存在によってほとんど影響を受けない．以上のように考えてくると，第一原理計算によって得られたAsの吸着（脱離）エネルギーの強いGa被覆率依存性は表面における電荷移動に起因する電子的寄与と考えられる．このことを確認するために，表面の電荷移動の結果として帰結され，GaAs表面において広く成立するエレクトロンカウンティングモデルを通して計算結果を解析してみる．エレクトロンカウンティン

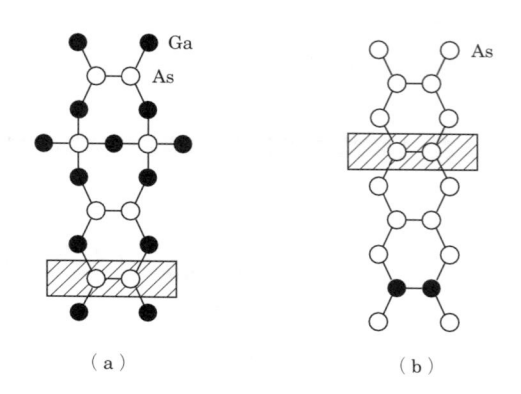

図4.29　(a) GaAs(001)$-(2\times4)\beta1$表面の欠損ダイマー列に吸着するAs原子と既に吸着しているGa吸着原子の位置関係．
(b) GaAs(001)$-c(4\times4)$表面のダイマー列から脱離するAs原子と既に吸着しているGa吸着原子の位置関係

グモデルを用いて電子的寄与を扱うのに便利なパラメータは，表面単位胞内に実際に存在する電子数とエレクトロンカウンティングモデルから決定される電子数との差，Z_{dev}である．あるいは，Z_{dev}とはGaのダングリングボンド中に残っている電子の数といったほうが分かりやすいであろう．GaAs清浄表面においては$Z_{dev}=0$が成立するため，系はエレクトロンカウンティングンモデルを満たし半導体的になっているが，成長中には一時的にZ_{dev}の値が0からずれる．このパラメータZ_{dev}がAsの吸着（脱離）の前後でどのように変化したかということで吸着（脱離）しやすさが大まかに評価できる．

パラメータ$\Delta Z_{dev}=|Z_{dev}^{吸着（脱離）後}|-|Z_{dev}^{吸着（脱離）前}|$を通して$(2\times4)\beta1$表面の欠損ダイマー列における$As_2$分子の吸着エネルギーを考察してみよう．$\theta$（Ga被覆率）$=0.0$のときには$As_2$分子の吸着前には$Z_{dev}$の値は0であるのに対し，吸着後には$Z_{dev}$は$-4$に変化する．つまり，$\theta=0.0$のとき$\Delta Z_{dev}$の値は4になる．この大きな$\Delta Z_{dev}$の値は清浄表面の欠損ダイマー列には$As_2$分子がそれほど吸着しやすくないことに対応する．同様に$\theta=0.125$，0.25のときにはΔZ_{dev}の値はそれぞれ2，-4となる．欠損ダイマー列におけるAs_2分子の吸着エネルギーをΔZ_{dev}の関数としてプロットしたのが図 **4.30**（a）である．この図から分かるように，As_2分子の吸着エネルギーはΔZ_{dev}の増加とともにほぼ線形に減少する．このことから，Asの吸着エネルギーの強いGa被覆率依存

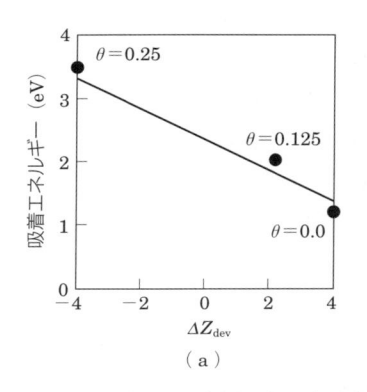

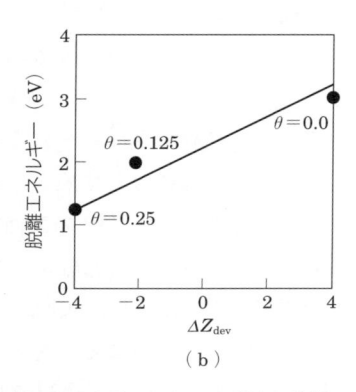

図 **4.30** （a）GaAs(001)-(2×4)β1表面の欠損ダイマー列におけるAs分子の吸着エネルギーと表面Gaダングリングボンド中に存在する電子数との関係．
（b）GaAs(001)-c(4×4)表面から脱離するAs分子の脱離エネルギーと表面Gaダングリングボンド中に存在する電子数との関係

性の起源は表面の電子の効果であることが分かる．

同様の結果は $c(4\times 4)$ 表面における過剰 As ダイマーの脱離エネルギーと ΔZ_{dev} に対しても得ることができる．図 4.30（b）に ΔZ_{dev} の関数としてプロットした過剰 As ダイマーの脱離エネルギーを示す．この図から分かるように，過剰 As ダイマーの脱離エネルギーは ΔZ_{dev} の増加とともにほぼ線形に増加する．以上述べてきたように，As の吸着エネルギー（脱離エネルギー）の強い Ga 被覆率依存性はエレクトロンカウンティングモデルを通してほぼ統一的に説明できることが分かる[33], [34]．

本章で現れた As の吸着エネルギー（脱離エネルギー）と ΔZ_{dev} との近似的な線形関係は，Ga のマイグレーションポテンシャルなどにおいても報告されているもので，化合物半導体全般に適用できる普遍的な関係である．更に，この関係を用いることによって，系の全エネルギーに対する電子的寄与 ΔE_{el} を表面での電子数を数えるだけで大まかに評価することができるようになる．すなわち，系の全エネルギー E_{total} はボンド形成の寄与 E_{bond} と電子的寄与による補正項 ΔE_{el} を用いて簡便な表式 $E_{\text{total}} = E_{\text{bond}} + \Delta E_{\text{el}}$ （$\Delta E_{\text{el}} \propto Z_{\text{dev}}$）で与えることができる．

4.2.6　簡便なエネルギー表式と様々な表面でのマイグレーションポテンシャル

（a）簡便なエネルギー表式　4.2.5 節において As_2 分子の GaAs(001) 表面における吸着エネルギーと脱離エネルギーに関する第一原理計算の結果を紹介した．そこでは，Ga 被覆率の増加について As_2 分子の吸着エネルギーが増加すること，脱離エネルギーが減少することを述べた．すなわち，Ga 原子がある程度以上表面に吸着すると，As 原子は As 被覆率 $\theta_{\text{As}} < 1$ の表面では取り込まれやすくなり，$\theta_{\text{As}} > 1$ の表面では脱離しやすくなると考えられる．更にこれら As_2 分子の吸着，脱離エネルギーとエレクトロンカウンティングモデルとの相関を調べた結果，表面上の Ga ダングリングボンド中に残っている電子数 Z_{dev} で整理できることが分かった．すなわち，GaAs(001) 表面での Ga 原子と As 原子は，成長素過程において Z_{dev} が減少するように振る舞うと考えられる．4.2.5 項で指摘したように，GaAs エピタキシャル成長における Ga 原子と As 原子のこのような振舞いがセルフサーファクタント効果である．

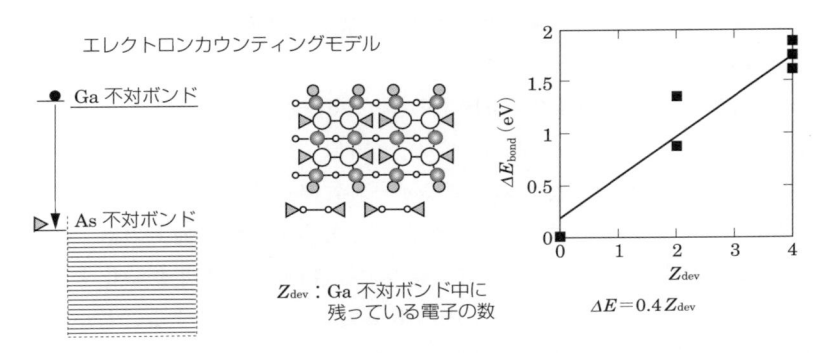

図 4.31 Ga 原子のマイグレーションポテンシャルの Ga ダングリングボンド中の電子数 Z_{dev} 依存性

Ga 原子のマイグレーションについても Ga のダングリングボンド中に残っている電子数 Z_{dev} との関係が見いだされる [35], [36]．**図 4.31** は 4.2.4 項で用いたマイグレーションポテンシャルの計算結果に基づいて，エネルギーと電子数 Z_{dev} の関係をまとめたものである．ここで $Z_{dev} = 0$ におけるエネルギーを原点としている．この図から分かるように，エネルギーと電子数は近似的に比例関係にあり，そのこう配を 0.4 eV/electron とすると第一原理計算の結果をよく再現することが分かる．Ga のダングリングボンド中の電子は伝導帯中にエネルギー準位をもち，As ダングリングボンド中の電子は価電子帯に準位をもつことを考えると，Z_{dev} が増加することにより系のエネルギーが増加するのは妥当な結果といえる．この結果に基づいて，系のエネルギー E を経験的に表すと次のような式で与えられる．

$$E = E_{bond} + \Delta E_{el} \tag{4.10}$$

$$E_{bond} = \frac{1}{2} \sum V_{ij} \tag{4.11}$$

$$\Delta E_{el} = 0.4 Z_{dev} \tag{4.12}$$

ここで，E_{bond} はボンドの結合エネルギーであり，第 2 章の式 (2.22)〜(2.24) の経験的原子間ポテンシャル V_{ij} の和で与えられる．ΔE_{el} が図 4.31 から導かれた電子の再配列に起因するエネルギーである．この表式によれば，以下に述

べるように，様々な表面再配列構造上のGa原子のマイグレーションポテンシャルを容易に計算することができる．

（b）（2×4）β2表面上のGa原子のマイグレーションポテンシャル

図4.32（a）は，（2×4）β2表面上での，Ga原子のマイグレーションポテンシャルの計算結果を示したものである[36]．欠損ダイマー列上にエネルギー的に安定なサイトが存在することが分かる．欠損ダイマー列上の格子位置にGa原子が吸着すると，同一平面内で隣接するGa原子とダイマー化することによって，Gaダングリングボンド中の電子数の増加を抑制することが可能であり，この理由によって安定化されると考えられる．本計算結果は，直接フィッティングしたのではないにもかかわらず，第一原理計算結果ともよく一致している．

図4.32（b）は，（2×4）β2表面上のAsダイマーキンク近傍での，Ga原子のマイグレーションポテンシャルの計算結果を示したものである[35]．図4.32（a）と同様に安定なサイトは，欠損ダイマー列上に存在することが分かる．欠損ダイマー列に沿ったAからDに示すサイトのうち，特にAで示すキンクサイトが最も安定である．これは，各サイトにおける原子配列を考えること

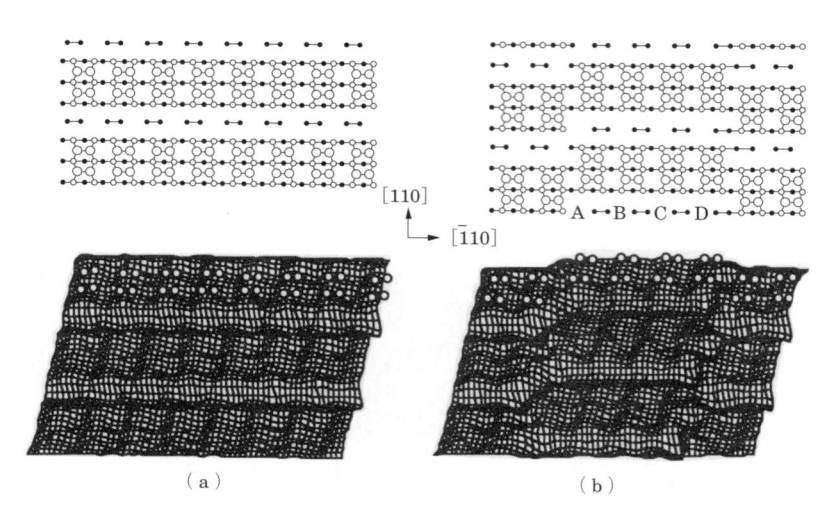

図4.32　GaAs(001)-(2×4)β2表面上のGa原子のマイグレーションポテンシャル．
(a) 平たん表面，(b) Asダイマーキンクが存在する表面

で理解することできる．すなわち，BあるいはCサイトに位置したGa原子は，強いAs-Asボンドをもつ2対のAsダイマーから強く引っ張られる．弱いAsダイマー（図中右端のダイマー）と強いAsダイマーから引っ張られると考えられ，Dサイトも同様の状況になっていると考えられる．一方，Aサイトに位置するGa原子は，1対のAsダイマーと通常の面心副格子位置に存在するAs原子から引っ張られており，ひずみエネルギー的に有利な状況となっている．

これらの結果によれば，Ga吸着原子にとっての安定サイトは，Gaダングリングボンド中の電子を減少させることができ，Gaダイマーの形成が可能な欠損ダイマー列上に位置すると考えられる．Ga吸着原子にとって，更に有利な状況がキンクサイトで見いだされる．そこでは，Ga原子を引っ張るのは，正規の面心副格子に位置するAs原子と弱いAsダイマーであり，ひずみエネルギーが最小となる．これらの結果は，キンクがマイグレーションしているGa吸着原子にとってシンクとなることを示唆している．

図4.33 (a) 及び (b) は，それぞれGaAs(001)-(2×4)β2表面上のAス

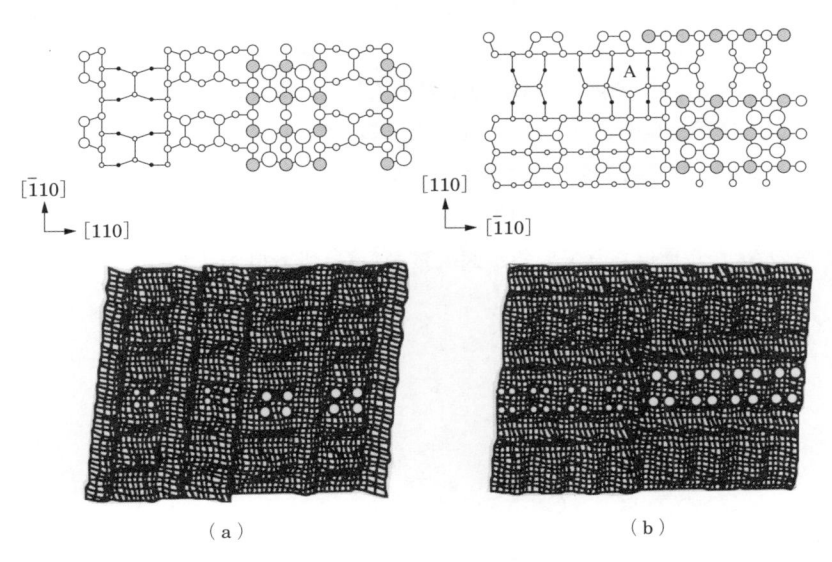

図4.33 GaAs(001)-(2×4)β2表面上ステップ近傍におけるGa原子のマイグレーションポテンシャル．
(a) Aステップ，(b) Bステップ

テップとBステップ近傍での，マイグレーションポテンシャルの計算結果を示したものである[35]．図4.32（b）と類似する点が，電子数的に有利な欠損ダイマー列に沿った安定な格子サイトに見受けられる．AステップとBステップの結果における相違点は，ステップ端近傍のマイグレーションポテンシャルの様相に顕著に認められる．Aステップ端では，ステップが存在することによるポテンシャルの変化がほとんど認められないのに対して，Bステップ端においては，エネルギー最小となる格子サイトが，下方テラス上のAで示す位置に現れている．これは，Bステップ端におけるA近傍の原子配列が，図4.32（b）に示したキンクサイトと同様の配列となっていることによっている．

以上の結果から，欠損ダイマー列に沿った，As原子とAsダイマーに挟まれた直上の格子サイトが，キンクあるいはステップをもつGaAs(001)−(2×4)$\beta2$表面においてGa原子の安定サイトとなること，そのような原子配列の存在しないAステップは，Ga原子にとっての優先的な吸着サイトとならないことが理解されよう．これらの計算結果における定性的傾向は実験結果と一致しており[37]，[38]，このような簡便なアプローチが良い近似となっていることを示している．

（c） $c(4\times4)$ 表面上のGa原子のマイグレーションポテンシャル 図4.34は，GaAs(001)−$c(4\times4)$ 表面上での，Ga原子のマイグレーションポテンシャルの計算結果を示したものである[39]．$c(4\times4)$ 表面は，4列に1列の欠損ダイマー列をもち，(110)方向にダイマー化した最表面層を含む二原子層のAsから構成されている．図4.34からGa吸着原子にとっては，図中D

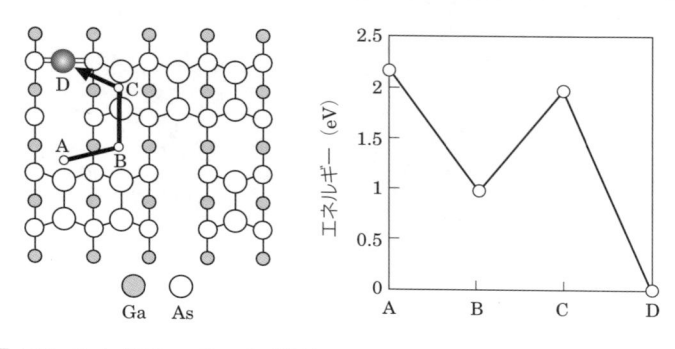

図**4.34** GaAs(001)−$c(4\times4)$ 表面上のGa原子のマイグレーションポテンシャル

で示される欠損ダイマーサイトが最安定であることが分かる．これは，各サイトにおける原子配列を考えることで理解することができる．その前に，Dサイト，BサイトのいずれにGa原子が位置しても，電子数的に差異はなく，式（4.10）におけるΔE_{el}は同一の値をもつことに注意されたい．換言すれば，DサイトとBサイトの安定性の違いを規定しているのは，ボンド形成エネルギーに関連したE_{bond}である．ボンド形成エネルギーに注目すれば，Bサイトに位置したGa原子は，強いAs-Asボンドをもつ2対のAsダイマーから強く引っ張られている．一方，Dサイトに位置するGa原子は，通常の面心副格子位置に存在するAs原子から引っ張られるだけと考えられ，このために強いボンド形成が起こりやすい状況になっていると考えられる．

図4.35（a）及び（b）は，それぞれ$c(4\times 4)$表面上のAステップとBステップ近傍での，マイグレーションポテンシャルの計算結果を示したものである．ステップ構造については，その詳細が不明であるので，ここでは一例として図中のステップ構造を仮定した[39]．ちなみに，図4.35（b）のBステップの構造は，ECモデルを満足しており，安定な構造となっていることが予想

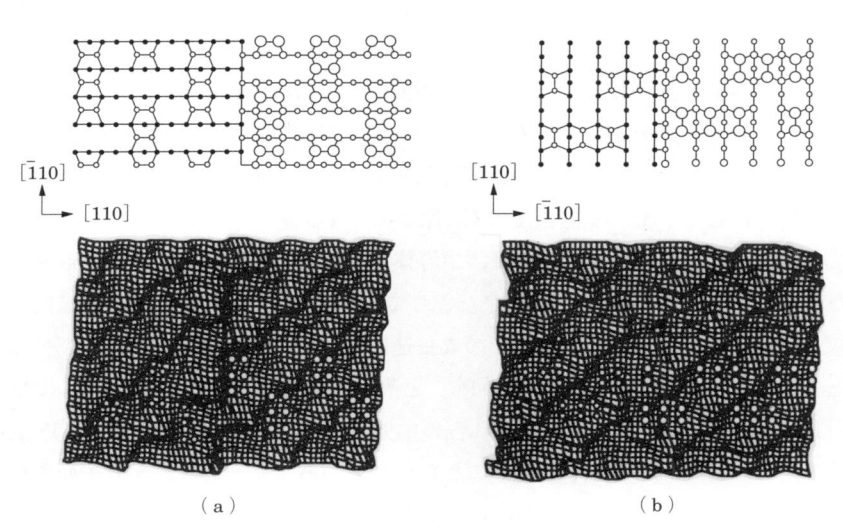

図4.35　GaAs(001)-$c(4\times 4)$表面上ステップ近傍におけるGa原子のマイグレーションポテンシャル．
(a) Aステップ，(b) Bステップ

される．$c(4\times4)$ 表面においても，AステップとBステップの結果における相違点が，ステップ端近傍のマイグレーションポテンシャルの様相において見いだされる．すなわち，Bステップ端では，ステップが存在することによるポテンシャルの変化がほとんど認められないのに対して，Aステップ端においては，エネルギー最小となる格子サイトが，下方テラス上の陰影部分で示すステップ端に沿った領域に現れている．これは，Aステップ端にGa原子が吸着することにより，ステップ端に位置しているGaダングリングボンドを終端して，電子数の増加を抑制していることに起因していると考えられる．

GaAs(001) 微傾斜面上MOVPE成長中のSTM観察によれば，Bステップ端がAステップ端よりも直線的になることを見いだされている[40]．これは，Bステップと異なりAステップがGa原子の優先的な吸着サイトとなっていることを意味している．AステップとBステップ近傍でのマイグレーションポテンシャルに関する我々の計算結果は，彼らの実験結果とも定性的に一致している．一方，GaAs(001) 微傾斜面上MBE成長中のSTM観察によれば，Aステップ端がBステップ端よりも直線的になることが指摘されている[41]．前節に示したように $(2\times4)\beta2$ 表面での計算結果は，Aステップと異なりBステップがGa原子の優先的な吸着サイトとなっていることを示している．これらの事実を考え合わせると，$(2\times4)\beta2$ と $c(4\times4)$ 表面ステップにおけるマイグレーションポテンシャルの傾向の違いが，MBE成長とMOVPE成長におけるステップ端の直線性の違いと関連していると考えることもできる．

(d) 複合ファセット基板上のGa原子のマイグレーションポテンシャル

複合ファセット基板上の成長は，半導体ナノ構造あるいは低次元構造形成のために重要であり，様々な試みがなされている．例えば，GaAsのMBE成長における(111)B面と(001)面での成長速度のAs圧依存性についての検討は，As圧の低い領域 $[P_{As} < 1.4\times10^{-6}\text{Pa}]$ と高い領域 $[P_{As} > 3.6\times10^{-6}\text{Pa}]$ では(111)B面から(001)面へ，それらの中間領域では(001)面から(111)B面へ，Ga原子が流れ込んでいくことを示している[42]．このときの表面再構成構造は，(001)-$(2\times4)\beta2$構造と(111)B-(2×2)構造 $[P_{As} < 3.6\times10^{-6}\text{Pa}]$，あるいは(111)B-$(\sqrt{19}\times\sqrt{19})$構造 $[P_{As} > 3.6\times10^{-6}\text{Pa}]$ である．この現象をマイグレーションポテンシャルの観点から解釈するために，Ga原

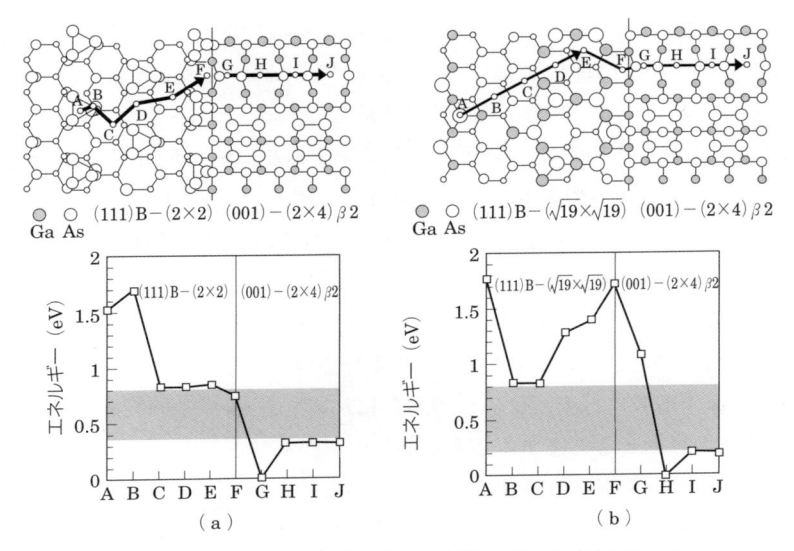

図 4.36 複合ファセット基板上の Ga 原子のマイグレーションポテンシャル.
(a) $(001)-(2\times4)\beta2$ $(111)\mathrm{B}-(2\times2)$,
(b) $(001)-(2\times4)\beta2$ $(111)\mathrm{B}-(\sqrt{19}\times\sqrt{19})$

子のマイグレーションポテンシャル計算を行った．計算結果を仮定した表面構造とともに**図4.36**に示す[43]．この図から明らかなように，(111)B面のほうが，Ga原子にとってエネルギー的に不利であり，(001)面のほうへ流れ込みやすいことが分かる．(111)B面上ではGa原子は配位数が小さい状態でAs原子と結合しており，大きな配位数をもち得る(001)面上の欠損ダイマー列上の格子位置に比べて，電子数的にもボンド形成エネルギー的にも不利な状況となっているためである．

この二面間のマイグレーションポテンシャルの差（図中の陰影部）は，吸着エネルギー差に対応する．$(001)-(2\times4)\beta2$ 表面と $(111)\mathrm{B}-(2\times2)$ 表面，$-(\sqrt{19}\times\sqrt{19})$ 表面とのエネルギー差は，それぞれ0.49 eV，0.59 eVと見積もることができる．すなわち表面が一様に図4.36のような再構成表面であれば，Ga原子は $(001)-(2\times4)\beta2$ 表面に優先的に吸着すること，これに加えて(111)B面上に吸着したGa原子も(001)面に流れ込んでくる傾向にあると考えることができる．また，$(001)-(2\times4)\beta2$ 表面と $(111)\mathrm{B}-$

(2×2) 表面のエネルギー差 0.49 eV は，第一原理計算結果 0.4 eV に非常に近く本計算結果の妥当性を示している．以上の結果は，実験で得られた As 圧の低い領域と高い領域の結果と定性的に一致している．

4.2.7 エレクトロンカウンティングモンテカルロ法（ECMC法）とエピタキシャル成長シミュレーション

（a）エレクトロンカウンティングモンテカルロ法（ECMC法） 前項でエピタキシャル成長過程の量子論的シミュレーションの一例として，第一原理計算に基づくモンテカルロシミュレーションを示してきたが，このシミュレーションの実行には膨大な計算時間を必要とする．また GaAs においては，Ga 原子の吸着，安定位置への移動に加えて，As 原子の吸着，脱離，安定位置への移動をも考慮する必要がある．しかも，これらの素過程が図 4.37 に示したような複雑な表面上で起こっていることを考え合わせると，エピタキシャル成長過程の全貌を明らかにするためには，より簡便な量子論的シミュレーション手法を採用する必要がある．このために，As_2 分子の GaAs

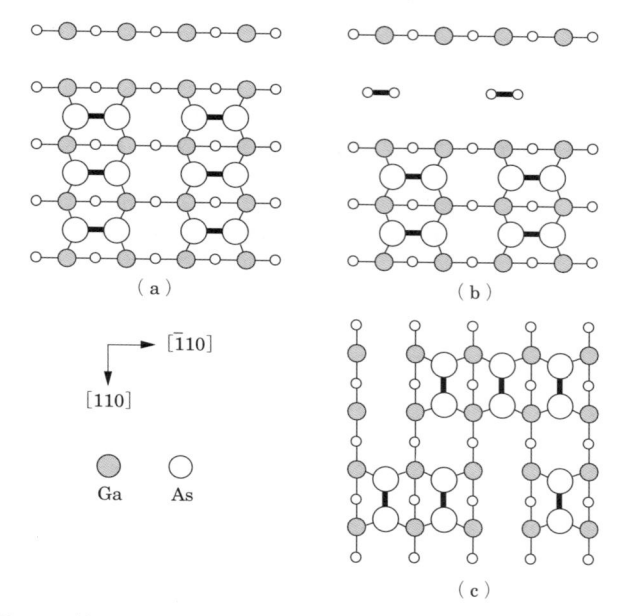

図 4.37 様々な GaAs 表面構造における表面の As の過不足の模式図．
  (a) (2×4) $\beta 1$ 表面，(b) (2×4) $\beta 2$ 表面，(c) $c(4\times4)$ 表面

(001)$-(2\times 4)$ $\beta 1$ 表面における吸着エネルギー E_{ad} 及び GaAs(001)$-c(4\times 4)$ 表面における脱離エネルギー E_{de} を, Ga 原子の表面被覆率 θ の関数として第一原理計算で考察した例を 4.2.5 項 (b) の「セルフサーファクタント効果」で紹介した. Ga 原子の被覆率の増加につれ, As_2 分子の吸着エネルギー E_{ad} は増加し, 脱離エネルギー E_{de} は減少する. すなわち, Ga 原子がある程度表面に吸着すると As 原子は取り込まれやすくなる. またこれらの結果は, 表面上の Ga ダングリングボンド中の電子数変化 Z_{dev} で整理される[33],[34]. すなわち, GaAs(001) 表面での Ga 原子と As 原子は, 成長素過程において Z_{dev} が減少するように振る舞うと考えられる.

以上の結果を踏まえると, GaAs(001) 面上での GaAs 薄膜のエピタキシャル成長過程を量子論的に考えるに際して, 以下の点が重要となる.
(1) 表面構造は EC モデルに支配される.
(2) 表面上の Ga 原子は, ダングリングボンド中の電子数を最小化するような格子位置へとマイグレーションする.
(3) As 原子の吸着, 脱離は, Ga 被覆率が大きくなる ($\theta \leq 1/4$) と起こり, 定性的な傾向は EC モデルにより説明される.

これらの結果を考慮して, 各種ボンドのもつエネルギー計算とエレクトロンカウンティングを行わせながら, モンテカルロシミュレーションを実行する. これをエレクトロンカウンティングモンテカルロ (ECMC) 法と呼ぶことにする[34]. 以下では, この方法を用いて 4×4 表面格子上で, GaAs(001)$-(2\times 4)$ $\beta 2$ 及び $c(4\times 4)$ 表面が, 成長過程でどのように変化していくかを調べる.

(b) (2×4) $\beta 2$ 表面上の成長過程　　通常の分子線エピタキシャル成長 (MBE) において一般的に見られる GaAs(001)$-(2\times 4)$ $\beta 2$ 表面は, 2 列の As ダイマーと 2 列の欠損ダイマーから構成される As 被覆率 $\theta_{As}=0.75$ をもつ表面である〔図4.38 (a)〕. シミュレーションにおいては, 成長中の As 被覆率を通常の MBE 成長における範囲 $0.5 \leq \theta_{As} \leq 0.75$ となるように, 4 個ずつの Ga 及び As を交互供給した. ECMC 法による, この表面上での GaAs エピタキシャル成長過程のシミュレーション結果を図 4.38 に示す[34],[44]. (2×4) $\beta 2$ 表面に飛来した Ga 吸着原子は, Ga 原子どうしのダイマー化により Z_{dev} の

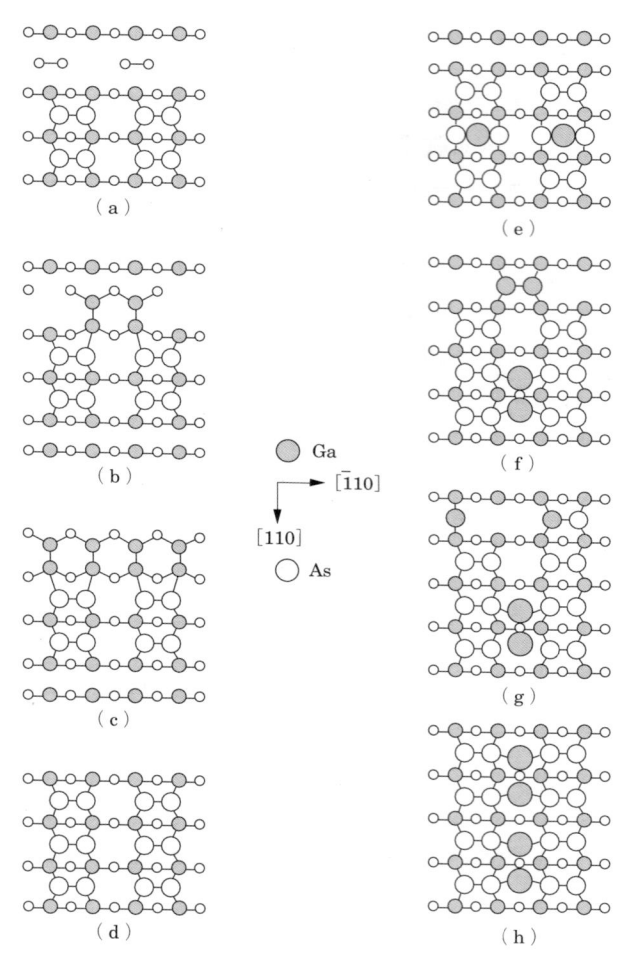

図 4.38 GaAs(001)−(2×4)β2 表面上の GaAs 成長初期過程

増加を抑制しつつ，欠損ダイマー列を優先的に埋めて〔図 4.38 (b)，(c)〕安定な (2×4)α 表面へと変化する〔図 4.38 (d)〕．この状態では (2×4) 表面は Ga 過剰となるために，As 原子の吸着エネルギーが著しく増大する．すなわち，表面が As を欲するようになって As 原子の吸着が始まり，3 列の As ダイマー列，1 列の欠損ダイマー列から構成される (2×4)β1 表面〔図 4.38 (d)〕

第4章　ナノエレクトロニクスへの応用　　　　　　　　**135**

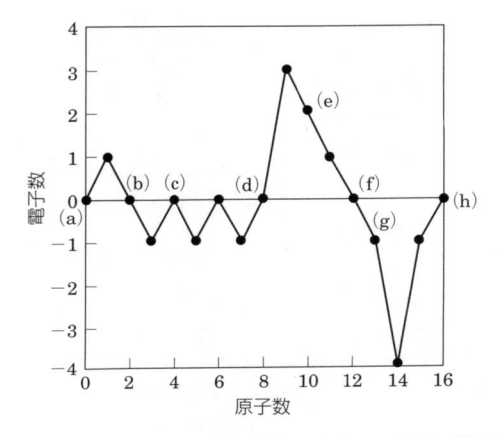

図 **4.39**　GaAs(001) − (2×4) $\beta2$ 表面上の GaAs 成長初期過程におけるダングリングボンド中の電子数 Z_{dev} の変化

となる．この表面も，EC モデルを満足する安定な表面である．この変化の過程での電子数変化を図 **4.39** に示す．ダングリングボンド中の電子数 Z_{dev} は ±1 の範囲内で変化し，原子が2個飛来するたびに EC モデルを満足する状態が出現している．このことから成長は，エネルギー的に安定な状態を経て進行していることが理解される．

この上に吸着した Ga 原子は，Ga 原子の被覆率が小さい状態（$\theta<1/8$）では，ダイマー列上に存在し〔図 4.38 (e)〕，被覆率が大きくなると欠損ダイマー列を占有する傾向にあること〔図 4.38 (f)〕，その後 As 原子が欠損ダイマー列を占めるようになり〔図 4.38 (g)〕，更にその上を Ga 原子が覆いはじめていく〔図 4.38 (h)〕．図 4.39 から，この欠損ダイマー列を埋める過程においては，ダングリングボンド中の電子数 Z_{dev} はやや大きな変動を示すものの，図 4.38 (f)，(h) の状態においては EC モデルを満足していることが分かる．

このように表面上の吸着原子と表面原子は，ダングリングボンド中の電子をキャッチボールさせながら，巧みに足し算，引き算をして，自身にとっての安定な格子位置へ自身を導いていくと考えられる．実際最近の走査形トンネル顕微鏡（STM）観察によれば，GaAs(001) − (2×4) $\beta2$ 表面上での GaAs 成長過程が，図 4.38 に示したシミュレーション結果と一致することを指摘し

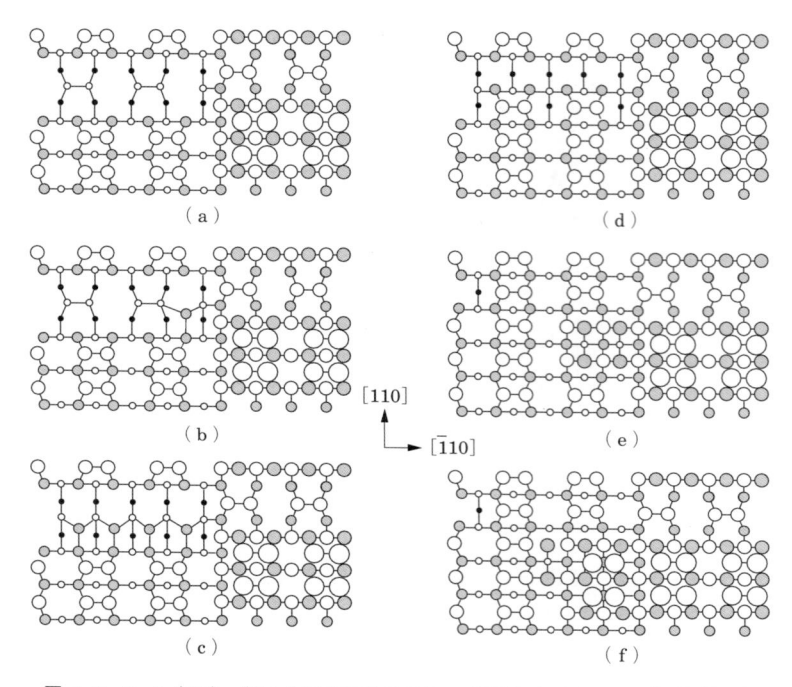

図 4.40 GaAs(001)−(2×4)β2 表面上 B ステップ近傍における GaAs 成長初期過程

ている[45]．更に（2×4）β2 表面上の B ステップ近傍での成長過程のシミュレーション結果を**図 4.40** に示す[46]．B ステップ近傍が原子の優先吸着サイトとなり，そこから成長が進行していく様子が理解される．本シミュレーションにより得られた原子配列は，最近の STM 観察により検証されている[47]．

また最近では，エピタキシャル成長のシミュレーションにおける As-As ボンドなどのパラメータを実験にフィットするように決定するアプローチがなされ，多くの GaAs の結晶成長の原子レベルの予言に成功している[48],[49]．

4.2.8　 c（4×4）表面上の成長過程

GaAs(001)−c(4×4) 表面は，有機金属気相エピタキシャル（MOVPE）成長あるいは As 圧の高い MBE 成長において現れる表面である〔**図 4.41** (a)〕．この As 被覆率 θ_{As} = 1.75 の表面は，二層構造の As 層で形成されており，最表

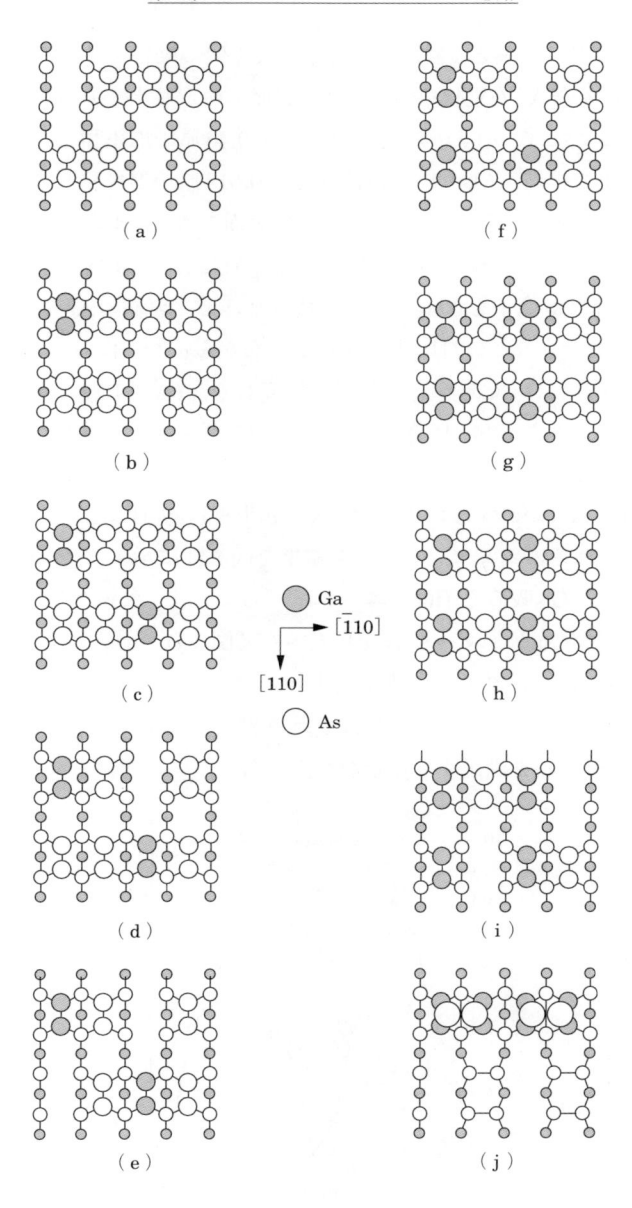

図 4.41 GaAs(001) − $c(4 \times 4)$ 表面上のGaAs成長初期過程

層は3個のAsダイマーと4個おきに存在する1個の欠損ダイマーから構成されている．様々なAs安定化GaAs(001)表面でのトリメチルガリウムの分子線散乱実験によれば，$c(4\times4)$表面にGaを0.46原子層堆積した表面での信号強度の時間変化が，(2×4)表面にGaを0.018原子層堆積した表面での結果と一致すること，したがって，$c(4\times4)$表面のAs被覆率は$\theta_{As}=1.19$と見積もられることが示されている[50]．換言すれば，As被覆率$\theta_{As}=1.19$の$c(4\times4)$表面にGa原子を0.46原子層堆積させると，表面のAs被覆率は$\theta_{As}=0.732$になるということに対応する．しかしながら$c(4\times4)$表面のAs被覆率は，一般に$\theta_{As}=1.75$であることが知られており，$\theta_{As}=1.19$という小さい値となること，しかも(2×4)表面と似通った結果をもたらす原因については明らかになっていない．

この原因を明らかにするために行った，$c(4\times4)$表面に0.5原子層のGa原子を供給したときのシミュレーション結果を図4.41に示す[44], [51]．$c(4\times4)$表面に飛来したGa吸着原子は，エネルギー的に有利な欠損ダイマー位置を優先的に埋めて，Gaダイマーを形成していく〔図4.41(a)，(b)，(c)〕．この状態で表面からのAs原子の脱離が始まり，2個のAsダイマーと1個のGaダイマー，1個の欠損ダイマーから構成される表面〔図4.41(e)〕となる．この表面は，ECモデルを満足する安定な表面である．この変化の過程での電子数

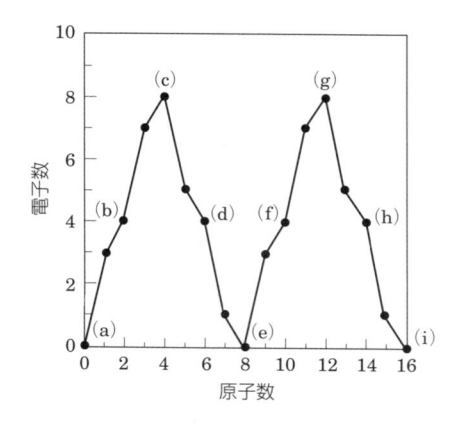

図 **4.42** GaAs(001)-$c(4\times4)$表面上のGaAs成長初期過程におけるダングリングボンド中の電子数Z_{dev}の変化

変化を**図4.42**に示す．ダングリングボンド中の電子数Z_{dev}は，Ga原子の吸着に伴い大きく増加するが，As原子の脱離によりECモデルを満足する状態へと回帰していることが分かる．

この上にGa原子が供給されると，Ga吸着原子は，脱離したAsダイマー位置を占有するようになる〔図4.41 (f)，(g)〕．図4.42から，この過程でZ_{dev}は大きく増加し，その後のAs原子の脱離に伴い再び安定な$Z_{dev} = 0$の状態を回復する〔図4.41 (h)，(i)〕．しかしながらこの表面は，最安定構造ではない．このままの状態で，原子の交換を許しながら安定構造を探っていくと，図4.41 (j) に示すような，エネルギー的に不利なGa-Gaボンドをエネルギー的に有利なGa-Asボンドで置き換えた表面構造が出現する．これは，1列のAsダイマー列と3列の欠損ダイマー列からなる表面であり，このときのAs被覆率は$\theta_{As} = 0.75$である．

図4.41 (i) からGa原子を0.5原子層堆積させたときの表面は，As脱離に伴い実効的にAs被覆率$\theta_{As} = 1.25$の$c(4 \times 4)$表面にGa原子を0.5原子層堆積させたときの表面と等価であることが分かる．更に図4.41 (i)，(j) から，As被覆率$\theta_{As} = 1.25$の$c(4 \times 4)$表面にGa原子を0.5原子層堆積させると，最終的に表面のAs被覆率は$\theta_{As} = 0.75$になっていくと考えられる．すなわち本シミュレーション結果は，上記の実験結果（$c(4 \times 4)$表面の$\theta_{As} = 1.19$，Ga原子を0.46原子層堆積させたときの$\theta_{As} = 0.732$）に対する一つの解釈を与えていると考えることができる．以上のシミュレーション結果の妥当性については，今後更なる検討が必要と考えられるが，GaAsのエピタキシャル成長は，吸着原子と表面原子が互いの電子を使って，安定位置に関する情報交換を繰り返すことでマイグレーション，吸着，脱離を繰り返しながら進行すると考えるとうまく説明できそうである．

これまでに示した結果からGaAsエピタキシャル成長は，ダングリングボンド中の電子を使って，安定な格子位置を探るための情報交換をしながら，ECモデルを満足する状態を経由して進行していると考えることができる．第一原理計算からも明らかなように，ECモデルを満足する表面は，半導体的なバンド構造をもつ．すなわち「GaAsエピタキシャル成長は，ダングリングボンド中の電子が，半導体の性質を保つように再配置しながら進行する」と考え

てもよいであろう．著者らの最近の研究は，GaAs (001) 表面上のステップ，ダイマーキンク周囲でのGaAs成長過程，更にはGaAs (001) 表面上でのSi原子の吸着過程においても，ダングリングボンド中の電子が重要な役割を果たしていることを明らかにしている[51]～[54]．また，GaAs (111) A面上でも同様の結果を得ている[55], [56]．以上の事実は，半導体のエピタキシャル成長過程を考える上で量子論的アプローチが不可欠であることを意味しており，今後様々な半導体の組合せも考えたヘテロ系エピタキシャル成長過程の解明，材料設計をにらんだ原子配列予測などへの展開が期待される[57], [58]．

参考文献

[1] H. Kageshima and K. Shiraishi, "First-principles study of oxide growth on Si(100) surfaces and at SiO$_2$/Si(100) interfaces," Phys. Rev. Lett., vol. 81, pp.5936-5939, 1998.

[2] B. E. Deal and A. S. Grove, "General relationship for thermal oxidation of silicon," J. Appl. Phys., vol. 36, pp. 3770-3778, 1965.

[3] R. R. Razouk, L. N. Lie and B. E. Deal, "Kinetics of high pressure oxidation of silicon in pyrogenic steam," J. Electrochem. Soc., vol. 128, pp. 2214-2220, 1981.

[4] 志村史夫，半導体シリコン結晶工学，丸善，東京，1993．

[5] H. Z. Massuoud, J. P. Plummer and E. A. Irene, "Thermal oxidation of silicon in dry oxygen growth-rate enhancement in the thin regime. I. Experimental results," J. Electrochem. Soc., vol.132, pp. 2685-2693, 1985.

[6] D. J. D. Thomas, "Surface damage and copper precipitation in silicon," Phys. Status Solidi, vol. 3, pp. 2261-2273, 1963.

[7] S. M. Hu, "Anomalous temperature effect of oxidation stacking faults in silicon," Appl. Phys. Lett., vol. 27, pp. 165-167, 1975.

[8] S. Mizuo and H. Higuchi, "Retardation of Sb diffusion in Si during thermal oxidation," Jpn. J. Appl. Phys. vol. 20, pp. 739-744, 1981.

[9] T. Y. Tan and U. Gesele, "Point defects, diffusion processes, and swirl defect formation in silicon," Appl. Phys. vol. A37, pp. 1-17, 1985.

[10] H. Kageshima, K. Shiraishi and M. Uematsu, "Universal theory of Si oxidation rate and importance of interfacial Si emission," Jpn. J. Appl. Phys., vol. 38, pp.L971-L974, 1999.

[11] M. Uematsu, H. Kageshima and K. Shiraishi, "Unified simulation of silicon oxidation based on the interfacial silicon emission model," Jpn. J. Appl. Phys., vol. 39, pp.L699-L702, 2000.

[12] M. Uematsu, H. Kageshima and K. Shiraishi, "Simulation of high-pressure oxidation of silicon based on the interfacial silicon emission model," Jpn. J. Appl. Phys., vol. 39, pp.L952-L954, 2000.

[13] M. Uematsu, H. Kageshima and K. Shiraishi, "Simulation of wet oxidation of silicon based on interfacial silicon emission model and comparison with dry oxidation," J. Appl. Phys., vol. 89, pp.1948-1953, 2001.

[14] R. Degraeve, G. Groeseneken, R. Bellens, L. J. Ogier, N. Depas, Ph. Roussel and H. E.

第4章　ナノエレクトロニクスへの応用　　　　　　　　　　　　　　　　**141**

Maes, "New insights in the relation between electron trap generation and the statistical properties of oxide breakdown," IEEE Trans. Electron Dev., vol. 45, pp. 904-911, 1998.

[15] J. H. Stathis and D. J. DiMaria, "Reliability projection for ultra-thin oxides at low voltage," 1998 IEDM Tech. Dig., pp. 167-170, 1998.

[16] H. Uchida and T. Ajioka, "Electron trap center generation due to hole trapping in SiO_2 under Fowler Nordheim tunneling stress," Appl. Phys. Lett., vol. 51, pp. 433-435, 1987.

[17] A. Yokozawa and Y. Miyamoto, "First-principles exploration of possible trap terminators in SiO_2," Appl. Phys. Lett., vol. 73, pp. 1122-1124, 1998.

[18] A. Oshiyama, "Hole-injection-induced structural transformation of oxygen vacancy in α-Quartz," Jpn. J. Appl. Phys., vol. 37, pp. L232-L234, 1998.

[19] P. E. Blochl and J. H. Stathis, "Hydrogen electrochemistry and stress-induced leakage current in silica," Phys. Rev. Lett., vol. 83, pp.372-375, 1999.

[20] D. J. Chadi, "Atomic-structure of GaAs(001) - (2 × 1) and GaAs(001) - (2 × 4) reconstructed surface," J. Vac. Sci. Technol. A, vol. 5, pp. 834-837, 1987.

[21] M. D. Pashley, K. W. Haberern, W. Friday, J. M. Woodall and P. D.Kirchner, "Structure of GaAs(2 × 4) - c (2 × 8) determined by scanning tunneling microscopy," Phys. Rev. Lett., vol. 60, pp. 2176-2179, 1988.

[22] D. K. Biegelsen, R. D. Bringans, J. E. Northrup and L. -E. Swartz, "Surface reconstructions of GaAs(100) observed by scanning tunneling microscopy," Phys. Rev. B, vol. 41, pp.5701-5706, 1990.

[23] T. Ohno, "Energetics of As dimers on GaAs(001) As-rich surfaces," Phys. Rev. Lett., vol. 70, pp.631-634, 1993.

[24] J. E. Northrup and S. Froyen, "Energetics of GaAs(100)-(2 × 4) and -(4 × 2) reconstructions," Phys. Rev. Lett., vol. 71, pp.2276-2279, 1993.

[25] J. E. Northrup and S. Froyen, "Structure of GaAs(001) surfaces: The role of electrostatic interactions," Phys. Rev. B, vol. 50, pp.2015-2018, 1994.

[26] T. Hashizume, Q. K. Xue, J. Zhou, A. Ichimiya and T. Sakurai, "Structures of As-rich GaAs(001) - (2 × 4) reconstructions," Phys. Rev. Lett., vol. 73, pp.2208-2211, 1994.

[27] J. P. Harbison and H. H. Farrell, "Molecular-beam epitaxial growth mechanisms on the GaAs(100) surface," J. Vac. Sci. Technol. B, vol. 6, pp. 733-735, 1988.

[28] M. D. Pashley, "Electron counting model and its application to island structures on molecular-beam epitaxy grown GaAs(001) and ZnSe(001)," Phys. Rev. B, vol. 40, pp.10481-10487, 1989.

[29] K. Shiraishi, "First-principles calculations of surface adsorption and migration on GaAs surfaces," Thin Solid Films, vol. 272, pp.345-363, 1996.

[30] K. Shiraishi and T. Ito, "Theoretical investigation of adsorption behavior during molecular beam epitaxy (MBE) growth: *ab initio* based calculation," J. Cryst. Growth, vol. 150, pp.158-162, 1995.

[31] T. Ito, K. Shiraishi and T. Ohno, "A Monte Carlo simulation study for adatom migration and resultant atomic arrangements in $Al_xGa_{1-x}As$ on a GaAs(001) surface," Appl. Surf. Sci., vol. 82/83, pp.208-213, 1994.

[32] K. Shiraishi and T. Ito, "First principles study of Arsenic incorporation on a GaAs(001) surface during MBE growth," Surf. Sci., vol. 357/358, pp. 451-454, 1996.

[33] K. Shiraishi and T. Ito, "Ga-adatom-induced As rearrangement during GaAs epitaxial growth: Self-surfactant effect," Phys. Rev. B, vol. 57, pp.6301-6304, 1998.

[34] 白石賢二，"化合物半導体結晶成長過程とエレクトロンカウンティングモデル，"表面科学，

[35] T. Ito and K. Shiraishi, "A Monte Carlo simulation study fo structural change of GaAs(001) surface during MBE growth," Surf. Sci., vol. 357/358, pp.486-489, 1996.

[36] T. Ito and K. Shiraishi, "A theoretical investigation of migration potentials of Ga adatoms near kink and step edges on GaAs(001) - (2×4) surface," Jpn. J. Appl. Phys., vol. 35, pp. L949-L952, 1996.

[37] H. Yamaguchi and Y. Horikoshi, "Step-flow growth on vicinal GaAs-surface by migration enhanced epitaxy," Jpn. J. Appl. Phys., vol. 28, pp. L1456-L1459, 1989.

[38] H. Yamaguchi and Y. Horikoshi, "Influence of an As-free atmosphere in migration-enhanced epitaxy on step-flow growth," Jpn. J. Appl. Phys., vol. 30, pp. 802-808, 1991.

[39] T. Ito and K. Shiraishi, "A theoretical investigation of migration potentials of Ga adatom near steps on GaAs(001) - $c(4 \times 4)$ surface," Jpn. J. Appl. Phys., vol. 35, pp.L1016-L1018, 1996.

[40] M. Kasu, N. Kobayashi and H. Yamaguchi, "Scanning-tunneling-microscopy observation of monolayer steps on GaAs(001) vicinal surface grown by metalorganic chemical-vapor-deposition," Appl. Phys. Lett., vol. 63, pp. 678-680, 1993.

[41] M. D. Pashley, K. W. Haberen and J. M. Gaines, "Scanning tunneling microscopy coimparison of GaAs(001) vicinal surface grown by molecular-beam epitaxy," Appl. Phys. Lett., vol. 58, pp. 406-408, 1991.

[42] A. Yamashiki and T. Nishinaga, "Arsenic pressure dependence of pure two-face inter-surface diffusion between (001) and (111) B in molecular beam epitaxy of GaAs," J. Cryst. Growth, vol. 174, pp. 539-543, 1997.

[43] T. Ito, K.Shiraishi, H. Kageshima and Y. Suzuki, "A theoretical investigation of the potential for inter-surface migration of Ga adatoms between GaAs(001) and (111)B surfaces," Jpn. J. Appl. Phys., vol. 37, pp. L488-L491, 1998.

[44] 伊藤智徳, "GaAs(001)表面薄膜成長初期過程の量子論的シミュレーション," 表面科学, vol. 19, pp.665-671, 1998.

[45] A. R. Avery, H. T. Dobbs, D. M. Holmes, B. A. Joyce and D. D. Vvedensky, "Nucleation and growth of islands on GaAs surfaces," Phys. Rev. Lett., vol. 79, pp.3938-3941, 1997.

[46] T. Ito and K. Shiraishi, "Theoretical investigations of adsorption behavior on GaAs(001) surfaces," Jpn. J. Appl. Phys., vol. 37, pp.4234-4243, 1998.

[47] S. Tsukamoto and N. Koguchi, "Atomic-level in situ real-space observation of Ga adatoms on GaAs(001) (2×4) - As surface during molecular beam epitaxy growth," J. Cryst. Growth, vol. 201/202, pp. 118-123, 1999.

[48] M. Itoh, G. R. Bell, A. R. Avery, T. S. Jones, B. A. Joyce and D. D. Vvedensky, "Island nucleation and growth on reconstructed GaAs(001) surfaces," Phys. Rev. Lett., vol. 81, pp.633-636, 1998.

[49] P. Kratzer, C. G. Morgan and M. Scheffler, "Model for nucleation in GaAs homoepitaxy derived from first principles," Phys. Rev. B, vol. 59, pp.15246-15252, 1999.

[50] M. Sasaki and S. Yoshida, "Stoichiometry-srtucture-dependent and bond-structure-dependent decomposition of trimethylgallium on As-rich GaAs(100) surface," J. Vac. Sci. Technol. B, vol. 10, pp. 1720-1724, 1992.

[51] T. Ito and K. Shiraishi, "Electron counting Monte-Carlo simulation of the structural change of the GaAs(001) - $c(4 \times 4)$ surface during Ga predeposition," Jpn. J. Appl. Phys., vol. 37, pp. L262-L264, 1998.

[52] T. Ito and K. Shiraishi, "Theoretical investigation of stable growth sites on GaAs(001)

surfaces," Appl. Surf. Sci., vol. 121/122, pp.171-174, 1997.
- [53] T. Ito and K. Shiraishi, "Theoretical investigation of initial growth process on GaAs(001) surfaces," Surf. Sci., vol. 386, pp.241-244, 1997.
- [54] K. Shiraishi and T. Ito, "Theoretical investigation of the adsorption behavior of Si adatoms on GaAs(001) - (2 × 4) surfaces," Jpn. J. Appl. Phys., vol. 37, pp. L1211-L1213, 1998.
- [55] A. Taguchi, K. Shiraishi and T. Ito, "First-principles investigation of Ga adatom migration on a GaAs(111)A surface," J. Cryst. Growth, vol. 201/202, pp.73-76, 1999.
- [56] A. Taguchi, K. Shiraishi and T. Ito, "Stable adsorption sites and potential-energy surface of a Ga adatom on a GaAs(111)A surface," Phys. Rev. B, vol. 60, pp.11509-11513, 1999.
- [57] 伊藤智徳, "半導体材料設計と量子論的成長シミュレーション," 日本結晶成長学会誌, vol. 23, pp. 43-49, 1996.
- [58] T. Ito, "Quantum mechanical simulation of thin film growth for semiconductor materials design," Recent Research Developments in Applied Physics, (Transworld Research Network, Trivandrum, 1998), pp.149-191.

第5章

おわりに

　本書では，ナノエレクトロニクス及びその周辺現象に対する計算科学の適用例を通して現在の計算科学の現状について紹介してきた．現時点の計算科学的手法は第1章でも述べたように，完全なマクロスコピック理論に基づくものと完全なミクロスコピック理論に基づくものの両極限においてめざましい手法の発展が遂げられてきた．ところが更にナノデバイスを精密に扱うには，ミクロスコピックなチャネル部分とマクロスコピックな電極部分を同時に扱うことが必要になってくる．つまり，ミクロとマクロが混在している系を扱わなくてはならない．

　こうした現状を解決する手法として最近ハイブリッド法が注目を浴びている[1],[2]．ハイブリッド法ではミクロスコピックに扱う必要のあるチャネルなどの部分には第一原理計算や分子動力学のような手法を適用し，電極などのマクロスコピックな扱いで十分な部分には連続体近似などの手法を適用して，系の特性を精密に議論しようとする手法である．本書でもミクロスコピックな過程とマクロスコピックな現象をつなぐ計算科学の適用例をいくつか紹介してきたが，ハイブリッド法はミクロとマクロが混在する系を議論する体系的な手法を与えるものである．ハイブリッド法によって，最近では結晶の破壊現象などの従来の手法では議論することができなかった現象までシミュレーションできるようになってきている[1],[2]．

　また伝導特性などを扱うにはこれまでの静的な扱いに加えて電流が流れて

いる状態そのものを扱う必要が出てくる．このような系についても，最近では電流・電圧特性が量子力学を基礎にした計算によって取り扱われるようになってきている[3]～[6]．更に，有限温度効果[7]，[8]，電子相関効果[9]～[12]，などに対する第一原理計算の手法も整備されつつある．これらの計算手法の更なる進展の結果，ナノデバイスの解析，設計にまで適応範囲が広がり，ナノデバイスの分野の飛躍的発展につながっていくことを期待している．

参考文献

[1] E. B. Tadmor, M. Ortiz and R. Phillips, "Quisicontinuum analysis of defects in solids," Philos. Mag. A, vol. 73, pp. 1529-1563, 1996.
[2] J. Q. Broughton, F. E. Abraham, N. Bernstein and E. Kaxiras, "Concurrent coupling of length scales: Methodology and application," Phys. Rev. B, vol. 60, pp.2391-2403, 1999.
[3] N. D. Lang, "Bias-induced transfer of an aluminum atom in the scanning tunneling microscope," Phys. Rev. B, vol. 49, pp.2067-2071, 1994.
[4] N. D. Lang, "Resistance of atomic wires," Phys. Rev. B, vol. 52, pp.5335-5342, 1995.
[5] M. Di Ventra, S. T. Pantelides and N. D. Lang, "First-principles calculation of transport properties of a molecular device," Phys. Rev. Lett., vol. 84, pp.979-982, 2000.
[6] M. Di Ventra, S.-G. Kim, S. T. Pantelides and N. D. Lang, "Temperature effects on the transport properties of molecules," Phys. Rev. Lett., vol. 86, pp.288-291, 2001.
[7] O. Sugino and R. Car, "*Ab initio* molecular dynamics study of first-order phase transitions: Melting of silicon," Phys. Rev. Lett., vol. 74, pp.1823-1826, 1995.
[8] B. J. Jesson and P. A. Madden, "*Ab initio* determination of the melting point of aluminum by thermodynamic integration," J. Chem. Phys., vol. 113, pp.5924-5934, 2000.
[9] A. I. Lichtenstein and M. I. Katsnelson, "*Ab initio* calculations of quasiparticle band structure in correlated systems: LDA++ approach," Phys. Rev. B, vol. 57, pp.6884-6895, 1998.
[10] V. I. Anisimov, J. Zaanen and O. K. Andersen, "Band theory and Mott insulators: Hubbard U instead of Stoner I," Phys. Rev. B, vol. 44, pp.943-954, 1991.
[11] V. I. Anisimov, I. V. Solovyev, M. A. Korotin, M. T. Czyzyk and G. A. Sawatzky, "Density-functional theory and NiO photoemission spectra," Phys. Rev. B, vol. 48, 16929-16934, 1993.
[12] V. I. Anisimov, F. Aryasetiawan and A. I. Richtenstein, "First-principles calculations of the electronic structure and spectra of strongly correlated systems: the LDA + U method," J. Phys. Condens. Matter, vol. 9, pp. 767-808, 1997.

索　引

あ

アクセルロッド・テラー（Axilrod-
　　Teller：AT）ポテンシャル …… 11
圧力誘起構造相転移 ……………… 69
アンチサイト欠陥 ………………… 117

い

イオン芯 …………………… 57, 58
一般化密度こう配近似法（GGA法）
　　………………………………… 44
一様電子ガス ……………………… 38

う

ウェット酸化 ……………………… 91
ウルツ鉱構造 ………………… 73, 84

え

エネルギー・容積関係（第一
　　原理計算による解析）……… 70, 72
エネルギー障壁 …………………… 113
エピタキシャル成長 ……………… 104
エピタキシャル成長シミュレー
　　ション ……………………… 132
エレクトロンカウンティング
　　モデル ………………… 106, 109
エントロピー項 …………………… 83

お

オイラー（Euler）方程式 ……… 35

か

価電子力場（VFF）ポテンシャル
　　………………………………… 11
過剰エネルギー ……………… 80, 83

き

擬ポテンシャル …………………… 56
キーティング（Keating）モデル
　　………………………………… 11
逆格子ベクトル …………………… 48
吸着エネルギー …………………… 124
共役こう配法 ………………… 61, 63
凝集エネルギー …………………… 71
局所密度近似 ……………………… 37
局所密度汎関数法（LDA）…… 37, 38
キンク ……………………………… 127

く

クラスターポテンシャル …………… 9
クラスター汎関数ポテンシャル …… 9
クラスター変分法（CVM）……… 83

け

経験ポテンシャル法 ……………… 5
経験的原子間ポテンシャル ………… 8
欠損ダイマー列 …………………… 107
結合状態（bonding state）……… 54
ゲート酸化膜 ……………………… 100
原子挿入法（embedded atom method）………………………… 11
原子単位 …………………………… 28

こ

交換エネルギー項 ………………… 40
交換相関項 …………………… 36, 38
コーシー（Cauchy）関係の破綻 …………………………………… 11
古典的分子動力学法 ……………… 20
混和性 ……………………………… 80

さ

再構成表面 ………………………… 105
酸化 ………………………………… 90
酸化減速拡散（ORD）…………… 99
酸化増速拡散（OED）…………… 99
酸化誘起積層欠陥（OSF）……… 99
酸素空孔 …………………… 101, 102
三体力 ……………………………… 9

し

自己無撞着（self-consistent）… 37
実格子ベクトル …………………… 46
周期境界条件 ……………………… 23
シュレディンガー方程式 ………… 27
シリコンの酸化現象 ……………… 90
振動数因子 ………………………… 114

す

スチーム酸化 ……………………… 91
ストカスティックモンテカルロ法 ……………………… 20, 113, 116
スレイター（Slater）行列式 …… 29

せ

絶縁耐性 …………………………… 100
せん亜鉛鉱形半導体 ……………… 11
せん亜鉛鉱構造 …………… 73, 84

そ

相関エネルギー項 ………………… 41
相転移圧力 ………………………… 69

た

第一ブリユアンゾーン（ウィグナー・ザイツ（Wigner-Seitz）セル）… 52
第一原理計算 ……………… 3, 27
第一原理分子動力学法 ……… 20, 59
対称ダイマー ……………………… 86
体積弾性率 ………………………… 71
ダイマーキンク …………………… 126
ダイヤモンド形半導体 …………… 11
脱離エネルギー …………………… 124
単位実格子ベクトル ……………… 47
単位胞 ……………………………… 47
ダングリングボンド …………… 79, 86
弾性定数 …………………………… 17

ち

超ソフト擬ポテンシャル ………… 58

て

ディール・グルーブ（Deal-Grove）モデル ……………………………… 93

電荷トラップ ………………… 100
電荷トラップレベル ………… 103
電流・電圧特性 ……………… 145

と

ドライ酸化 …………………… 91

に

二次元核形成 ………………… 105
二体相互作用ポテンシャルの理論 … 8
二体力 ………………………… 9

ね

熱力学的安定性 ……………… 80

の

ノルム保存形擬ポテンシャル法 … 72

は

配置のエントロピー ………… 83
バイノーダル線 ……………… 84
ハイブリッド法 ……………… 144
ハートリー・フォック
　（Hartree-Fock）法 ………… 33
ハートリー項 ………………… 36
反結合状態（anti-bonding state）
　………………………………… 54
反対称性 ……………………… 27

ひ

非混和領域 …………………… 84
非対称ダイマー ……………… 86
表面構造 ……………………… 85
表面再構成 …………………… 86
表面再構成構造 ……………… 85
表面マイグレーション ……… 105

ふ

ファンデルワールス（van der
　Waals）相互作用 …………… 11
フェルミ粒子 ………………… 27
複合ファセット基板 ………… 130
ブロッホ（Bloch）の定理 …… 50
分子線エピタキシー法（MBE法）
　………………………………… 105
分子動力学法 ………………… 19

へ

ペア汎関数ポテンシャル …… 9
ペアポテンシャル …………… 9
平衡原子間距離 ……………… 16
平衡状態図 …………………… 83
ヘルマン・ファインマン
　（Hellmann-Feynman）力 …… 60
変分法 ………………………… 31

ほ

ボルン・オッペンハイマー
　（Born-Oppenheimer）近似 … 60
ボルン・メイヤー・ハギンズ
　（Born-Mayer-Huggins：
　BMH）ポテンシャル ……… 10

ま

マイグレーションポテンシャル
　……………………… 112, 113, 130
マスード（Massoud）の経験式 … 94

み

密度汎関数法 ………………… 33

め

メトロポリスモンテカルロ法 … 20, 25

も

モース（Morse）ポテンシャル … 13
漏れ電流 …………………… 100
モンテカルロ法 ………… 19, 24, 113

ゆ

有機金属気相エピタキシー法
　（MOVPE法）…………… 105
有効媒質理論（effective medium
　theory）………………………… 11

よ

溶解度曲線 ……………… 81, 84
容積不連続 ………………… 69

り

量子力学 ………………… 145

A

APW法 …………………… 56

C

Car-Parrinelloの方法 ……… 61, 62

D

Deal-Groveモデル ………… 94
DLP（delta lattice parameter）
　モデル ……………………… 81
DV-Xα法 ………………… 56

F

FLAPW法 ………………… 56

G

GaAs（001）表面 ……… 104, 107
Ga吸着原子のマイグレーション
　…………………………… 111

H

Hohenberg-Kohnの定理 …… 34, 64

K

Kohn-Sham方程式 ………… 34, 35

L

Lennard-Jones（LJ）ポテンシャル
　……………………………… 10

M

MOSFET ……………… 90, 100

N

NPHアンサンブル …………… 22
NPTアンサンブル …………… 22
NVEアンサンブル …………… 22
NVTアンサンブル …………… 22

S

Si（001）表面 ……………… 86, 87
Slater行列式 ………………… 29
SWポテンシャル …………… 12

V

velocity Verlet法 …………… 23

α

αクリストバライト結晶 ……… 97

β

β水晶 …………………………… 98

―― 著者略歴 ――

白石　賢二
しら　いし　けん　じ

昭58東大・理・物理卒．昭63同大学院・理・物理博士了．同年日本電信電話（株）入社，平13-01筑波大・物理学系・助教授．専門は固体物理学，物性理論．理博．平12応用物理学会JJAP論文賞．日本物理学会，応用物理学会，表面科学会，日本結晶成長学会各会員．

伊藤　智徳
い　とう　とも　のり

昭53名大・工・機械及び機械工学第二卒．昭55同大学院機械工学専攻博士前期了．同年日本電信電話公社入社．平11三重大・工・物理工学助教授．平13同教授．専門はGaAs分子線エピタキシャル成長の研究を経て，現在は半導体材料物性，材料設計の研究に従事．工博．昭63応用物理学会B賞受賞．日本機械学会，日本物理学会，応用物理学会，米国物理学会，日本結晶成長学会各会員．

影島　博之
かげ　しま　ひろ　ゆき

昭61早大・理工・物理卒．平3東大大学院・理・物理博士了．同年日本電信電話（株）入社，平12-07より同社物性科学基礎研究所担当課長．専門は半導体表面界面及び半導体結晶中点欠陥の理論物性物理学．理博．平12応用物理学会JJAP論文賞．日本物理学会，応用物理学会，表面科学会，米国材料学会各会員．

ナノエレクトロニクスと計算科学
Computational Science in Nanoelectronics

平成13年11月1日　　初版第1刷発行	編　者　㈳電子情報通信学会 発行者　家　田　信　明 印刷者　山　岡　景　仁 印刷所　三美印刷株式会社 〒116-0013　東京都荒川区西日暮里5-9-8 制　作　株式会社　エヌ・ビー・エス 〒111-0051　東京都台東区蔵前2-5-4北条ビル

Ⓒ 社団法人　電子情報通信学会　2001

発行所　社団法人　電子情報通信学会
〒105-0011　東京都港区芝公園3丁目5番8号（機械振興会館内）
電　話　(03)3433-6691（代）　振替口座　00120-0-35300
ホームページ　http://www.ieice.org/

取次販売所　株式会社　コロナ社
〒112-0011　東京都文京区千石4丁目46-10
電　話　(03)3941-3131（代）　振替口座　00140-8-14844
ホームページ　http://www.coronasha.co.jp

ISBN 4-88552-183-1　　　　　　　　　　　　　　　　Printed in Japan